"工学结合、校企合作"课程改革成果系列教材

机电技术应用专业教学用书

液压与气压传动技术

许亚南　陈秋一　汤家荣　编

机　械　工　业　出　版　社

本书分为液压与气压传动两个模块，液压模块包括液压动力元件及辅助元件的拆装，组装刀架刀盘液压传动系统，组装卡盘液压传动系统，组装刀架转位液压系统，识读并连接 MJ—50 数控车床液压传动系统五个项目；气压模块包括组装 H400 加工中心主轴定位气动系统，组装 H400 加工中心主轴松刀夹紧气动系统，组装 H400 加工中心主轴拔刀、插刀气动系统三个项目，每个项目由若干个任务组成。在选取教学内容时努力做到紧扣教学基本要求，降低知识难度；在表达上力求深入浅出，通俗易懂。

　　本书可作为中职中专机电技术应用专业相关课程教学用书，也可作为机电类专业技术人员参考及培训用书。

　　为方便教学，本书配有电子教案，凡选用本书作为教学用书的教师，可登录 www.cmpedu.com 网站免费注册下载。

图书在版编目（CIP）数据

液压与气压传动技术/许亚南，陈秋一，汤家荣编. —北京：机械工业出版社，2010.8（2023.8重印）
（"工学结合、校企合作"课程改革成果系列教材）
机电技术应用专业教学用书
ISBN 978-7-111-31269-7

Ⅰ.①液…　Ⅱ.①许…②陈…③汤…　Ⅲ.①液压传动-高等学校：技术学校-教材②气压传动-高等学校：技术学校-教材　Ⅳ.①TH137②TH138

中国版本图书馆 CIP 数据核字（2010）第 132575 号

机械工业出版社（北京市百万庄大街22号　邮政编码100037）
策划编辑：高　倩　责任编辑：张值胜
责任校对：陈延翔　封面设计：路恩中
责任印制：邰　敏
北京富资园科技发展有限公司印刷
2023 年 8 月第 1 版第 5 次印刷
184mm×260mm · 7.5 印张 · 178 千字
标准书号：ISBN 978-7-111-31269-7
定价：18.00 元

前　　言

随着新一轮职业教育教学改革不断深化，为了提高学生的职业能力，培养高素质的技能人才，本书以就业为导向、以能力为本位，紧扣专业特点进行编写。本书本着培养学生阅读、分析、组装液压与气压系统的能力以及分析、排除液压与气压系统常见故障的目的，优化理论知识、增强实用性，采用理论与实践相结合的项目教学，使理论和技能统一。具体体现在以下几个方面。

1）根据职业技能要求，以实用、够用为原则组织教材。删除繁琐深奥的理论知识，简化液压与气压元件的工作原理并降低其难度，加强液压与气压元件的识别、调节、简单回路的连接和系统常见故障排除的内容。

2）与专业和生产实际相结合。本书采用数控车床的液压传动系统和加工中心的气压传动系统作为两大模块，再将系统按功能拆开，形成项目，以取得学以致用的效果。

3）以学生为本。本书在每个项目、任务的开始指出学完本项目、任务后应达到的知识和技能目标，使学生在学习过程中目标明确，少走弯路。

4）打破原有学科体系框架，以项目为载体，将知识和技能整合。本书分液压部分五个项目，气压部分三个项目，每个项目又由若干个任务组成，这样有利于知识的讲授和技能训练的实施，以达到理论知识和技能训练相统一。

本书由常州铁道高等职业技术学校许亚南、陈秋一、汤家荣编写，由镇江机电高等职业技术学校赵光霞审稿。在本书的编写过程中，无锡机电高等职业技术学校葛金印提出了宝贵的修改意见和建议，提高了本教材的质量，在此表示衷心感谢。

由于编者水平有限，教材中难免存在错漏之处，敬请读者批评指正。

编　者

目　　录

模块一
MJ—50数控车床液压传动系统的组装

本模块通过对 MJ—50 数控车床液压传动系统（模块一图）的学习和训练，要求达到如下知识、技能目标：

知识目标：

- 知道液压传动的基本知识。
- 熟悉液压元件的作用、分类和特点。
- 熟悉液压系统的正确识读方法。
- 熟悉液压系统的使用维护。
- 熟悉液压系统的常见故障及产生原因。

技能目标：

- 具有正确使用和选择各种液压元件并能组装项目系统的能力。
- 具有正确调节各种液压元件并能调试项目系统的能力。
- 具有正确分析、判断液压系统中的常见故障的能力。
- 具有动手排除液压系统中的常见故障的能力。

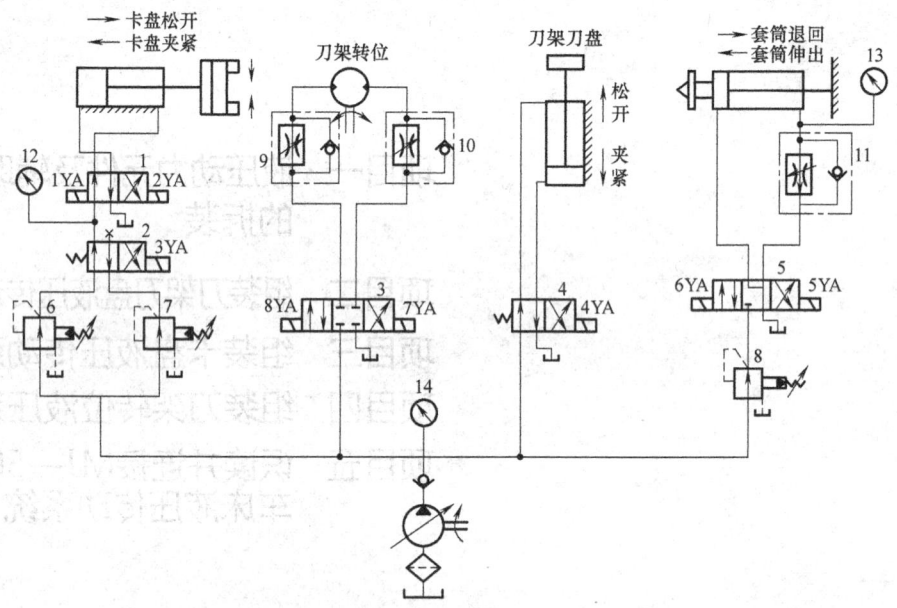

模块一图　MJ—50 数控车床液压传动系统

1、2、3、4、5—电磁换向阀　6、7、8—减压阀　9、10、11—单向阀　12、13、14—压力表

液压动力元件及辅助元件的拆装

通过对本项目的学习和训练，要求达到如下知识、技能目标：

知识目标：

- 了解液压传动的基本工作原理。
- 知道液压传动的基础知识。
- 熟悉液压泵的作用、分类、特点和性能参数。
- 熟悉液压系统辅助元件的作用、基本要求和在系统中的安装位置。

技能目标：

- 具有正确动手调节各种液压泵、辅助元件并能组装简单回路的能力。
- 具有正确选择动力元件、辅助元件并能安装及排除常见故障的能力。

任务一　液压传动的基础知识

通过本任务对液压传动的基础知识的学习要求达到如下知识目标：

知识目标：

- 熟悉液压传动的基本工作原理及基础知识。
- 熟悉液压传动系统的组成、特点。

相关知识：液压传动

一、液压传动的工作原理及物理量关系

图 1-1a 所示为液压千斤顶的工作原理图。大缸体 3 和大活塞 4 组成举升缸。杠杆手柄 6、小缸体 8、小活塞 7、单向阀 5 和 9 组成手动液压泵。如提起手柄 6 使小活塞 7 向上移动，活塞下腔密封容积增大形成局部真空，这时单向阀 9 打开，通过吸油管从油箱 1 中吸油，完成一次吸油动作；当用力压下手柄时，小活塞 7 下移，其下腔密封容积减小，油压升高，单向阀 9 关闭，单向阀 5 打开，下腔的油液经管道输入举升缸下腔，使举升缸下腔油液压力升高迫使大活塞 4 向上移动，顶起重物 G 上升一段距离，完成一次压油动作。再次提起手柄吸油时，举升缸下腔的压力将倒流入手动泵内，但此时单向阀 5 自动关闭，使油液不能倒流，从而保证了重物不会自行下落。反复地抬、压手柄，就能使油液不断地被压入举升

缸，使重物不断升高，达到起重的目的。如将放油阀 2 旋转 90°，大活塞 4 可以在自重和外力的作用下实现回程。由此可见，液压传动是以密封容积中的受压液体作为工作介质来传递运动和动力的一种传动。它先将机械能转化为液体的压力能，再将液体的压力能转化为机械能。即是利用液体的压力能进行工作。

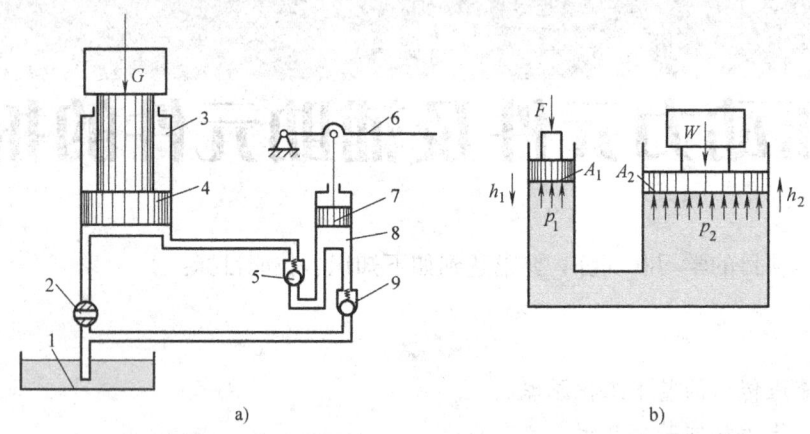

图 1-1　液压千斤顶

a）工作原理图　b）简化模型

1—油箱　2—放油阀　3—大缸体　4—大活塞　5、9—单向阀　6—杠杆手柄　7—小活塞　8—小缸体

图 1-1b 所示为液压千斤顶的简化模型，根据此可分析两活塞之间的力比关系、运动关系和功率关系。

1. 力比关系

当液体相对静止时，液体单位面积上所受的法向力称为压力，它在物理学中称为压强，但在液压传动中称为压力，压力通常用 p 表示。即

$$p = \frac{F}{A} \tag{1-1}$$

式中，F 为外力对液面的作用力（N）；A 为承压面积（m²）。压力 p 的单位为 Pa（帕斯卡），$1Pa = 1N/m^2$。

由于 Pa 单位太小，工程中使用不便，因而常采用 kPa（千帕）和 MPa（兆帕）。其换算关系为：$1MPa = 10^3 kPa = 10^6 Pa$。

图 1-1b 所示为应用帕斯卡原理的液压千斤顶的简化模型。在两个相互连通的液压缸密封腔中充满油液，小活塞和大活塞的面积分别为 A_1 和 A_2，在大活塞上放一重物 W，小活塞上施加一平衡重力 W 的力 F 时，则小液压缸中液体的压力 p_1 为 F/A_1，大液压缸中液体的压力 p_2 为 W/A_2。由于两缸互通而构成一个密封容器，根据帕斯卡原理则有 $p_1 = p_2$，即

$$\frac{F}{A_1} = \frac{W}{A_2}$$

或

$$\frac{W}{F} = \frac{A_2}{A_1} \tag{1-2}$$

如果大活塞上没有负载，即 $W = 0$，当略去活塞重力及其他阻力时，则 p_2 必然为零，也就不可能在液体中形成压力。由此得出一个重要概念：在液压传动中"系统的施加压力决定于负载"。

从式（1-2）可知，当两活塞的面积比 A_2/A_1 较大时，在小活塞上施加较小的力，就可以通过大活塞抬起重力较大的物体。

2. 运动关系

如果不考虑液体的可压缩性、泄漏和缸体、油管的变形，从图 1-1b 可以看出，被小活塞压出的油液的体积必然等于大活塞向上升起后大缸增加的油液体积，即 $A_1h_1 = A_2h_2$

或

$$\frac{h_2}{h_1} = \frac{A_1}{A_2} \tag{1-3}$$

式（1-3）中，h_1、h_2 分别为小活塞和大活塞的行程位移。

从式（1-3）可知，两活塞的行程位移和两活塞的面积成反比，将 $\frac{h_2}{h_1}$ 同除以活塞移动的时间 t 可得

$$\frac{h_2/t}{h_1/t} = \frac{A_1}{A_2}$$

即

$$\frac{v_2}{v_1} = \frac{A_1}{A_2} \tag{1-4}$$

式 1-4 中 v_1、v_2 分别为小活塞和大活塞的运动速度。

从式（1-4）可看出，活塞的运动速度与活塞的的作用面积成反比。

我们把单位时间内流过某一截面积为 A 的流体体积，称为流量 q_V，即

$$q_V = \frac{Ah}{t}Av$$

$$q_V = A_1 v_1 = A_2 v_2 \tag{1-5}$$

如果已知进入液压缸的流量为 q_V，则活塞运动速度为

$$v = \frac{q_V}{A} \tag{1-6}$$

在液压缸中液流的流速可以认为是均匀分布的（液体流动速度与活塞运动速度相同）。由式（1-6）可得到另外一个重要的基本概念，即"当液压缸的有效工作面积 A 一定时，活塞运动速度 v 取决于进入液压缸的流量 q_V''。其中，流速的单位为 m/s。

3. 功率关系

由式（1-3）和式（1-4）可得

$$Fv_1 = Wv_2 \tag{1-7}$$

式（1-7）左端为输入功率，右端为输出功率，这说明在不计损失的情况下液压系统中输入功率等于输出功率，由式（1-7）还可得出

$$P = pA_1 v_1 = pA_2 v_2 = pq_V \tag{1-8}$$

由式（1-8）可以看出，液压与气压传动中的功率 P 可以用压力 p 和流量 q_V 的乘积来表示。压力 p 和流量 q_V 是流体传动中最基本、最重要的两个参数，相当于机械传动中的力和速度，它们的乘积即为功率。

二、液压油的性质

1. 液体的粘性

液体在外力作用下流动时，液体分子间的内聚力会阻碍分子间的相对运动而产生一种内

摩擦力，这一特性称为液体的粘性。液体只有在流动时才会呈现粘性，静止液体不呈现粘性。粘性的大小用粘度表示，粘度是液体最重要的特性之一，是选择液压油的主要依据。液体的常用粘度有动力粘度、运动粘度和相对粘度三种。

2. 液体的可压缩性

液体受压力作用而发生体积减小的性质称为液体的可压缩性。液体的可压缩性一般用体积压缩系数 K（单位压力变化下的体积相对变化量）表示。在常温下，一般可认为油液是不可压缩的，但当液压油中混有空气时，其抗压缩能力会显著降低。故在液压系统中应力求减少油液中混入的空气。

3. 液压油的要求与选用

（1）液压油的要求 液压传动系统所用的液压油一般应满足的要求有：对人体无害且成本低廉；合适的粘度，良好的粘温特性；润滑性能好，防锈能力强；质地纯净，杂质少；与金属和密封件的相容性好；氧化稳定性好，不变质；抗泡沫性和抗浮化性好；体积膨胀系数小；燃点高，凝点低等。对于不同的液压系统，则需根据具体情况突出某些方面的专用性能要求。

（2）液压油的选用 主要选择油的品种与粘度等级。根据液压传动系统的工作环境、工况条件和液压泵的类型等选择液压油的品种。确定粘度等级时要考虑系统压力、环境温度、运动部件速度等。

三、液压传动系统的组成

从液压千斤顶例子可以看出，液压传动系统由以下 5 个部分组成：

（1）动力元件 动力元件即液压泵。它是将原动机输入的机械能转换为液压能的装置，其作用是为液压系统提供压力油，它是液压系统的动力源。

（2）执行元件 执行元件是指液压缸和液压马达。它是将液体的压力能转换为机械能的装置，其作用是在压力油的推动下输出力和速度（或力矩和转速），以驱动工作部件。

（3）控制调节元件 控制调节元件是指各种阀类元件，如溢流阀、节流阀等。它们的作用是控制液压系统中油液的压力、流量和方向，以保证执行元件完成预期的工作运动。

（4）辅助元件 辅助元件指油箱、油管、管接头、滤油器、蓄能器等，这些元件分别起散热、贮油、输油、连接、过滤等作用，以保证系统正常工作，是液压系统不可缺少的组成部分。

（5）工作介质 工作介质即传动液体，通常为液压油，其作用是实现运动和动力的传递。

四、液压传动的优缺点

液压传动与其他传动方式相比，有以下优缺点：

1. 液压传动的优点

1）液压传动可以输出大的推力或转矩，可实现低速大吨位运动，这是其他传动方式所不能比的突出优点。

2）液压传动可在运行过程中实现无级调速，调速方便且调速范围大。

3）在相同功率条件下，液压传动装置体积小、重量轻、结构紧凑。

4）液压传动工作比较平稳，反应快、换向冲击小，能快速起动、制动和频繁换向。

5）操作简单，调整控制方便，易于实现自动化。特别是和机、电联合使用，能方便地实现复杂的自动工作循环。

6）液压系统便于实现过载保护，液压元件能自行润滑，故使用寿命较长。

7）由于液压元件已实现系列化、标准化和通用化，故制造、使用和维修都比较方便。

2. 液压传动的缺点

1）油液的泄漏和可压缩性使液压传动难以保证严格的传动比。

2）对油温的变化比较敏感，不宜在很高或很低的温度下工作。

3）由于工作过程中能量损失较大，传动效率较低，也不适宜作远距离传动。

4）系统出现故障时，不易查找原因。

任务二　认识液压动力元件

通过本任务对液压动力元件的学习和训练要求达到如下知识和技能目标：

知识目标：

- ●熟悉液压泵的工作原理、分类、特点、常见故障。

技能目标：

- ●能正确选用及动手调节各种液压泵。
- ●能正确分析液压泵常见故障产生原因并排除故障。

相关知识：液压泵

一、液压泵概述

液压泵是液压传动系统的动力装置，它将原动机输入的机械能转换成液体的压力能，在液压传动系统中属于动力元件，是液压传动系统的重要组成部分。

1. 液压泵的工作原理及分类

液压泵的工作原理如图 1-2 所示。柱塞 2 靠弹簧 3 压在偏心轮 1 上，偏心轮 1 转动时，柱塞 2 便作往复运动。柱塞 2 向右移动时，密封腔 4 因容积增大而形成一定真空，在大气压力的作用下通过单向阀 5 从油箱中吸入油液，这时单向阀 6 将压油口封闭，以防止系统油液回流；柱塞 2 向左移动时，密封腔 4 的容积减小，将已吸入的油液通过单向阀 6 压出，这时单向阀 5 将吸油口封闭，以防止油液回流到油箱中。于是偏心轮便不停地转动，泵就不断地进行吸油和压油过程。由此可见液压泵是靠密封容积变化进行工作的，故称其为容积式液压泵。单向阀 5 和 6 是保证液压泵正常吸油和压油所必需的配油装置。

由图 1-2 可以看出，无论液压泵的具体结构如何，它都必须满足两个工作条件：第一，必须有密封而且可以变化的容积，以便完成吸油和排油过程；第二，必须有配流装置，以便将吸油和排油分开。

液压泵的种类很多，按其结构形式的不同，可分为齿轮泵、叶片泵、柱塞泵等类型；按泵的输出流量能否改变，可分为定量泵和变量泵；按泵的输出油液方向能否改变，可分为单向泵和双向泵。液压泵的图形符号如图 1-3 所示，图 1-3a 所示为液压泵的一般符号，图 1-3b 所示为单向定量泵，图 1-3c 所示为单向变量泵。

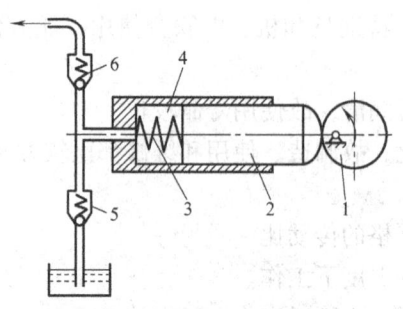

图 1-2 单柱塞液压泵的工作原理

1—偏心轮 2—柱塞 3—弹簧
4—密封腔 5、6—单向阀

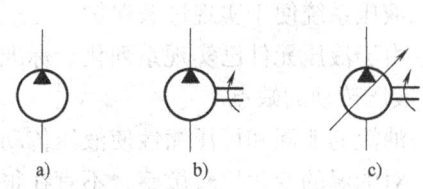

图 1-3 液压泵的图形符号

a）一般符号 b）单向定量泵 c）单向变量泵

2. 液压泵的性能参数（见表 1-1）

表 1-1 液压泵的主要参数

参 数 名 称		定 义
排量/（m³/r）		泵轴每转一周，通过对其密封容腔几何尺寸变化量计算而得的排出液体的体积
流量/（L/min）	理论流量 q_{Vt}	单位时间内，由密封容腔几何尺寸变化量计算而得的排出液体的体积。它等于泵的排量 V 与其转速 n 的乘积，$q_{Vt} = Vn$
	额定流量 q_n	在正常工作条件下，按试验标准规定必须保证的输出流量
	实际流量 q_V	在实际工作条件下，泵出口处实际输出的流量
压力/MPa	最高压力 p_{max}	按试验标准规定，允许短暂运行的最高输出压力
	额定压力 p_n	在正常工作条件下，按试验标准规定能连续运转的最高输出压力
	工作压力 p	液压泵工作时，泵出口处输出油液的实际压力（泵工作压力取决于负载）
功率/kW	输出功率 P_o	泵输出的液压功率 $P_o = p q_V$
	输入功率 P_i	驱动泵轴的机械功率 $P_i = 2\pi n T_t$
效率	机械效率 η_m	摩擦造成的转矩损失
	容积效率 η_V	泄漏造成的流量损失
	总效率 η	$\eta = \eta_m \eta_V$
额定转速 n_p/（r/min）		在额定压力下，能连续长时间正常运转的最高转速

二、常见液压泵的工作原理、特点及应用（见表 1-2）

表 1-2 常见液压泵的工作原理、特点及应用

类型	工作原理图	工作原理	特点及应用场合
齿轮泵	压油 吸油	按结构不同齿轮泵分为外啮合齿轮泵和内啮合齿轮泵，而以外啮合齿轮泵应用最广，此处重点介绍外啮合齿轮泵。 一对齿轮的两端面与泵体、盖板和齿轮的各齿槽形成多个密封腔，轮齿啮合线又将左右两密封腔隔开而形成吸、压油腔。当轮齿脱开啮合一边，密封容积增大为吸油，轮齿进入啮合一边，密封容积减小为压油	结构紧凑简单、制造方便、价格低廉、工作可靠、维修方便。广泛应用于低压系统

（续）

类型	工作原理图	工作原理	特点及应用场合
双作用叶片泵	 1—转子　2—定子　3—叶片　4—配油盘	定子内表面为近似椭圆形且与转子同心。叶片与配油盘、定子、转子和两相邻叶片间形成若干个密封腔。转子转动过程中使密封容积变化，完成吸、压油。转子每旋转一周，叶片在槽内往复运动两次，完成两次吸油和压油，故称为双作用式叶片泵	结构紧凑、体积小、运转平稳、噪声小、使用寿命较长为其优点，但也存在着结构复杂、吸油性能较差、对油液污染比较敏感等缺点。广泛应用于机床液压系统中
单作用叶片泵	 1—叶片　2—转子　3—定子	与双作用叶片泵的区别是定子为圆柱形内表面，且转子与定子间有一偏心距 e。转子旋转一周，叶片在转子槽内往复运动一次，每两叶片间的密封容积产生变化，便完成一次吸油与压油，故称为单作用式叶片泵。又因为转子、轴和轴承等零件承受的径向液压力不平衡，因此这类泵又称为非卸荷式叶片泵，其额定压力不超过 7MPa。由于转子和定子的偏心距 e 和偏心方向可调，故可作为变量叶片泵	限压式变量叶片泵适用于对执行机构有快、慢速要求的液压系统。快速时需要叶片泵低压大流量，慢速时需要高压小流量
柱塞泵	 1—缸体　2—缸盖　3—柱塞　4—斜盘	柱塞泵按柱塞排列方向不同分为径向柱塞泵和轴向柱塞泵。柱塞泵是依靠柱塞在缸体的柱塞孔内作往复运动时，通过密封容积产生变化来实现泵的吸油和压油的。缸体每旋转一周，每个柱塞往复运动一次，完成一次吸、压油动作。如果改变斜盘倾角 γ 的大小，就能改变柱塞行程 h，进而也就改变了泵的排量；若改变斜盘倾角 γ 的方向，就能改变吸油和压油的方向，而使其成为双向变量泵	柱塞泵具有压力高、结构紧凑、效率高、流量调节方便等优点。常用于高压大流量和流量需要调节的液压系统中，如某些工程机械、液压机、龙门刨床等液压系统

三、液压泵常见故障、产生原因及排除方法

齿轮泵的常见故障、产生原因及排除方法见表1-3。

表1-3　齿轮泵的常见故障、产生原因及排除方法

故障现象	产 生 原 因	排 除 方 法
噪声大	1. 吸油管接头、泵体与盖板的结合面、堵头和密封圈等处密封不良,有空气吸入 2. 齿轮齿形精度太低 3. 端面间隙过小 4. 齿轮内孔与端面不垂直,盖板上两孔轴线不平行,泵体两端面不平行等 5. 两盖板端面修磨后,两困油卸荷凹槽距离增大,产生困油现象 6. 装配不良,如主动轴转一周有时轻时重现象 7. 滚针轴承等零件损坏 8. 泵轴与电动机轴不同轴 9. 出现空穴现象	1. 用涂脂法查出泄漏处。更换密封圈;用环氧树脂粘结剂涂敷堵头配合面再压进;用密封胶涂敷管接头并拧紧;修磨泵体与盖板结合面,保证平面度不超过0.005mm 2. 配研(或更换)齿轮 3. 配磨齿轮、泵体和盖板端面,保证端面间隙 4. 拆检,修磨(或更换)有关零件 5. 修整困油卸荷槽,保证两槽距离 6. 拆检,装配调整 7. 拆检,更换损坏件 8. 调整联轴器,使同轴度小于ϕ0.1mm 9. 检查吸油管、油箱、过滤器、油位及油液粘度等,排除空穴现象
容积效率低、压力提不高	1. 端面间隙和径向间隙过大 2. 连接处泄漏 3. 油液粘度太大或太小 4. 溢流阀失灵 5. 电动机转速过低 6. 出现空穴现象	1. 配磨齿轮、泵体和盖板端面,保证端面间隙;将泵体相对于两盖板向压油腔适当平移,保证吸油腔处径向间隙,再紧固螺钉,试验后,重新钻、铰销孔,用圆锥销定位 2. 紧固各连接处 3. 测定油液粘度,按说明书要求选用油液 4. 拆检,修理(或更换)溢流阀 5. 检查转速,排除故障 6. 检查吸油管、油箱、过滤器、油位及油液粘度等,排除空穴现象
堵头和密封圈有时被冲掉	1. 堵头将泄漏通道堵塞 2. 密封圈与盖板孔配合过松 3. 泵体装反 4. 泄漏通道被堵塞	1. 将堵头取出,涂敷上环氧树脂粘结剂后,重新压进 2. 更换密封圈 3. 纠正装配方向 4. 清洗泄漏通道

定量叶片泵的常见故障、产生原因及排除方法见表1-4。

表1-4　定量叶片泵的常见故障、产生原因及排除方法

故障现象	产 生 原 因	排 除 方 法
噪声大	1. 定子内表面拉毛 2. 吸油区定子过渡表面轻度磨损 3. 叶片顶部与侧边不垂直或顶部倒角太小 4. 配油盘压油窗口上的三角槽堵塞或太短、太浅,引起困油现象 5. 泵轴与电动机轴不同轴 6. 超过公称压力下工作 7. 吸油口密封不严,有空气进入 8. 出现空穴现象	1. 抛光定子内表面 2. 将定子绕大半径翻面装入 3. 修磨叶片顶部,保证其垂直度在0.01mm以内;将叶片顶部倒角($C1$)(或磨成圆弧形),以减小压应力的突变 4. 清洗(或用整形锉修整)三角槽,以消除困油现象 5. 调整联轴器,使同轴度误差小于ϕ0.01mm 6. 检查工作压力,调整溢流阀 7. 用涂脂法检查,拆卸吸油管接头,清洗,涂密封胶,装上并拧紧 8. 检查吸油管、油箱、过滤器、油位及油液粘度等,排除空穴现象

（续）

故障现象	产生原因	排除方法
容积效率低、压力提不高	1. 个别叶片在转子槽内移动不灵活甚至卡住 2. 叶片装反 3. 定子内表面与叶片顶部接触不良 4. 叶片与转子叶片槽配合间隙过大 5. 配油盘端面磨损 6. 油液粘度过大或过小 7. 电动机转速过低 8. 吸油口密封不严,有空气进入	1. 检查配合间隙(一般为 0.01~0.02mm),若配合间隙过小应单槽研配 2. 纠正装配方向 3. 修磨工作面(或更换叶片) 4. 根据转子叶片槽单配叶片,保证配合间隙 5. 修磨配油盘端面(或更换配油盘) 6. 测定油液粘度,按说明书选用油液 7. 检查转速,排除故障 8. 用涂脂法检查,拆卸吸油管接头,清洗,涂密封胶,装上并拧紧

拓展知识：外啮合齿轮泵主要存在的三大问题

1. 泄漏问题

外啮合齿轮泵泄漏部位较多,如齿顶与泵体内壁之间、两齿轮的啮合线处及齿轮端面与端盖之间等间隙处。因端面间隙处泄漏量较大,约占总泄漏的75%~80%,故难以形成高压,因此齿轮泵常用于低压系统中。普通齿轮泵采用控制轴向间隙的办法保证一定的容积效率。高压齿轮泵采用轴向间隙自动补偿装置,以减少轴向泄漏,提高容积效率。

2. 径向力不平衡问题

由于泵中齿轮两侧所受的油压力不同,吸油腔压力小于大气压,而压油腔压力为泵的工作压力,使得齿轮与轴承两侧所受径向力不平衡。油压越高,径向不平衡力越大,其结果会加速轴承的磨损,降低轴承寿命,甚至使轴承变形,造成齿顶和泵体内壁的摩擦等。为了减小径向不平衡力,通常采用缩小压油口的方法,如国产"CB"系列液压泵,这类齿轮泵的转向应有明确规定。

3. 困油问题

齿轮啮合工作时,当前一对齿轮尚未脱开啮合时,后一对齿已经进入啮合,这样在两对齿啮合瞬间,在两啮合处之间形成了一个密封容积,其内被封闭的油液随封闭容积从大到小,又从小到大地变化。如图1-4所示。被困油液压力周期性升高和下降会引起振动、噪声和空穴现象。这种困油现象严重影响了齿轮泵的工作平稳性和使用寿命,为了减轻和消除困油现象的影响,通常在两端盖内侧上开困油卸荷槽。

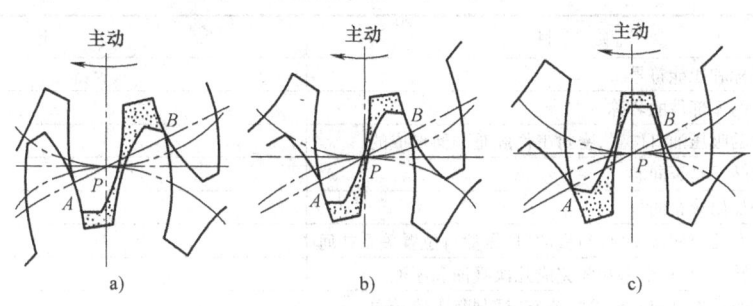

图1-4 齿轮泵的困油现象

技能训练：泵的拆装

一、训练目的

1. 通过拆装训练，增强学生对各种泵的结构组成、工作原理、主要零部件的感性认识，并能从结构上识别各种泵，进一步巩固理论知识。

2. 通过型号识别各种泵及泵的规格。

二、训练内容

1. 拆装齿轮泵

1）观察齿轮泵的外形，如图 1-5 所示，写出泵铭牌上的参数及型号。

2）拆开齿轮泵后了解其内部结构并填写表 1-5。

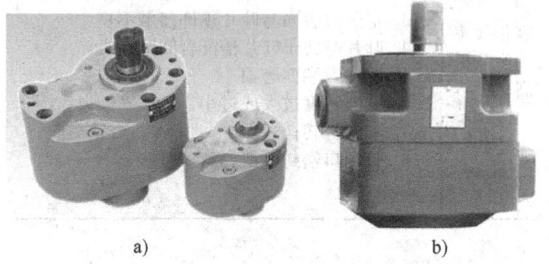

a)　　　　　　　　　　b)

图 1-5　泵的外形图

a）CB-B 低压齿轮泵　b）YB-D 型叶片泵

表 1-5　结果记录表

序号	项　目	结　论
1	泵的名称和职能符号	
2	组成泵的零部件的名称	
3	密封工作腔的部位	
4	指出泵的吸压油口位置,观察两油口的大小有无区别,并解释原因	
5	观察吸油腔与压油腔的位置并说明齿轮泵是如何将吸油腔和压油腔隔开的	
6	齿轮泵的转向是否有要求? 若有,解释原因	
7	找出齿轮泵泄漏部位,并指出哪里泄漏最大	
8	其他收获	

3）安装齿轮泵。

2. 拆装双作用叶片泵

1）观察叶片泵的外形，写出泵铭牌上的参数及型号。

2）拆开双作用叶片泵后了解其内部结构并填写表 1-6。

表 1-6　结果记录表

序号	项　目	结　论
1	泵的名称和职能符号	
2	组成泵的零部件的名称	
3	指出泵的吸压油口位置,密封工作腔是如何形成的	
4	定子和转子是否同心	
5	叶片是如何分布的	
6	配油盘有几个配流窗口,与吸油口、压油口位置关系如何	
7	转子每转一周,每个密封腔完成几次吸油和压油	
8	叶片泵的转向是否有要求? 若有,试判断正确转向	
9	其他收获	

3）安装双作用叶片泵。

拓展训练：拆装单作用叶片泵

1）观察单作用叶片泵的外形，写出泵铭牌上的参数及型号。

2）拆开单作用叶片泵后了解其内部结构并填写表1-7。

表1-7 结果记录表

序号	项 目	结 论
1	泵的名称和职能符号	
2	组成泵的零部件的名称	
3	指出泵的吸压油口位置,密封工作腔是如何形成的	
4	定子和转子是否同心	
5	叶片是如何分布的	
6	配油盘有几个配流窗口,与吸油口、压油口位置关系如何	
7	转子每转—周,每个密封腔完成几次吸油和压油	
8	叶片泵的转向是否有要求？若有,试判断正确转向	
9	单作用叶片泵是如何实现变量的	
10	其他收获	

3）安装单作用叶片泵。

三、思考与练习

1. 齿轮泵由哪些零部件组成？进出油口孔径是否相等？为什么？

2. 说明外啮合齿轮泵容积效率较低的原因。

3. 双作用叶片泵为什么一定是定量泵？结构上有何特点？

4. 定量和变量两种叶片泵的叶片均为倾斜安装，为何不径向安装？

5. 解释下列代号的含义。

CB-B25 　　　　　　　　　YB_1-63 　　　　　　　　　SCY14-1

任务三　认识液压辅助元件

通过本任务对液压辅助元件的学习和训练要求达到如下知识和技能目标：

知识目标：

● 熟悉油箱、过滤器、蓄能器、油管及管接头等元件的作用、基本要求和在系统中的安装位置。

技能目标：

● 能正确选用及动手调节各种液压辅助元件并将其组装、调试简单回路。

相关知识：液压辅助元件

液压系统中的辅助元件，是指除液压动力元件、执行元件和控制元件以外的其他各元件，如过滤器、蓄能器、油箱、热交换器及管件密封件等。它们对系统的动态性能、工作稳定性、工作寿命、噪声和温升等都有直接影响，因此必须予以重视。

一、油箱

油箱的功能是储油、散热、分离油液中的空气和沉淀油液中的杂物等。

油箱有总体式和分离式两种。总体式油箱是利用机器设备机身内腔作为油箱，其结构紧凑，各处漏油易于回收，但由于增加了机身结构的复杂程度，因而维修不便、散热性能不好，同时还会使邻近的机件产生热变形。分离式油箱则是采用一个与机器机身分开的单独的油箱，它可以减少温升和液压泵驱动电动机的振动对设备工作精度的影响，精密机器设备一般都采用分离式油箱。图1-6所示是一个分离式油箱的结构简图，它由箱体和上盖5组成，箱体内装有隔板7和9，1为吸油管，4为回油管，下隔板7阻挡沉淀物进入吸油管，上隔板9阻挡泡沫进入吸油管，底部装有排放污油的放油阀8，空气滤清器3设在回油管一侧的油箱顶部，兼有加油和通气作用。6是油位指示器，当需要彻底清洗时，可将上盖5卸开。

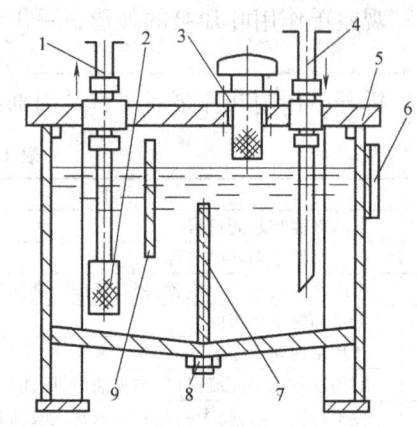

图1-6　分离式油箱的结构简图

1—吸油管　2—过滤器　3—空气滤清器　4—回油管
5—上盖　6—油位指示器　7、9—隔板　8—放油阀

油箱的有效容量（油面高度为油箱高度的80%时的容积）一般按液压泵的额定流量估算，在低压系统中取液压泵每分钟排油量的2~4倍，中压系统为5~7倍，高压系统为6~12倍。

油箱的正常工作温度应在15~65℃之间，在环境温度变化较大的场合要安装冷却器或加热器来控制油温。

二、过滤器

过滤器的功能在于过滤混在液压油中的各种杂质，使进入到液压系统中的油液的污染程度降低，保证系统正常地工作。过滤器一般安装在液压泵的吸油管口及重要元件的前面。不同的液压系统对油液的过滤精度要求不同，一般过滤器的过滤精度是指被过滤器阻挡的最小杂质颗粒的尺寸，若以直径d表示则可分为4级：粗过滤器（$d \geq 0.1\,mm$）、普通过滤器（$d \geq 0.01\,mm$）、精密过滤器（$d \geq 0.005\,mm$）、特精过滤器（$d \geq 0.001\,mm$）。按滤芯材料和结构形式的不同，过滤器可分为网式、线隙式、烧结式、纸芯式等，其各自结构、特点及应用见表1-8。

表1-8　过滤器的结构、特点及应用

类型	结构图	特点及应用
网式过滤器		其滤芯是在筒形骨架上包一层或两层铜丝网所形成。它的结构简单，通油能力大，清洗方便，但过滤精度较低。一般用于泵的吸油管路上用作粗过滤

（续）

类型	结构图	特点及应用
线隙式过滤器	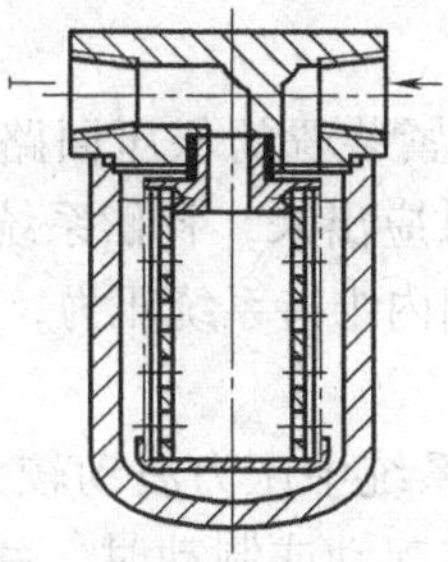	其滤芯是由铜线或铝线在筒形骨架上绕成的,依靠线间缝隙过滤。其特点是结构简单,通油能力大,过滤精度比网式高,但不易清洗,滤芯强度较低。一般用于压力管路,保护系统中较精密或易堵塞的液压元件
烧结式过滤器	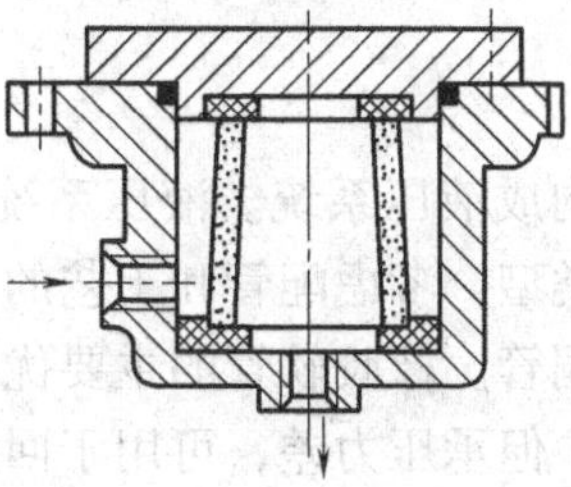	其滤芯由颗粒状金属烧结而成,通过颗粒间的微孔进行过滤。其过滤精度高,耐腐蚀,滤芯强度大,能在较高油温下工作,但易堵塞,难于清洗,颗粒易脱落。一般用于高温、高压系统
纸芯式过滤器	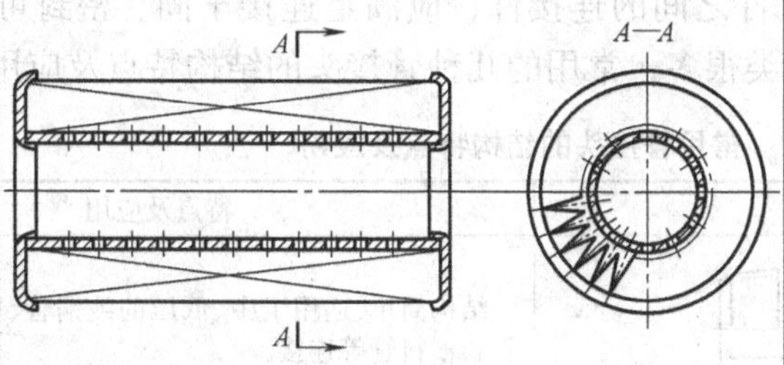	其滤芯由微孔滤纸加骨架组成。其特点是过滤精度高,压力损失小,重量轻,成本低,但无法清洗,需定期更换滤芯。一般用于精密过滤

三、蓄能器

1. 蓄能器的结构

常用的气囊式蓄能器结构如图 1-7 所示,壳体 1 为两端成球形的圆柱体,壳体内有一个用耐油橡胶作原料与充气阀 3 一起压制而成的气囊 2。充气阀 3 只在为气囊 2 充气时才打开,平时关闭。壳体下部装有限位阀 4,在工作状态下,压力油经限位阀 4 进、出,当油液排空时,限位阀 4 可以防止气囊 2 被挤出。这种蓄能器的特点是气囊惯性小,反应灵敏,结构尺寸小,重量轻,安装方便,容易维护,应用广泛。其缺点是容量小,气囊和壳体的制造比较困难。它的适用温度范围为 −20 ~ 70℃。气囊有折合型和波纹型两种,前者容量较大,可用来储蓄能量,后者则适用于吸收冲击。此外,蓄能器还有活塞式、重力式、弹簧式等,可参考液压设计手册选用。

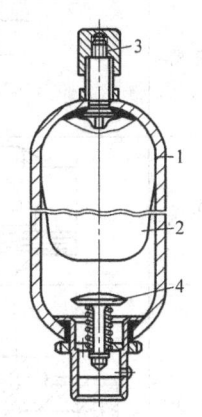

图 1-7　气囊式蓄能器
1—壳体　2—气囊
3—充气阀　4—限位阀

2. 蓄能器的功能

蓄能器是用来储存和释放液体压力能的装置,它在液压系统中的功能主要有以下三个方面:

（1）短期大量供油　用于液压系统短时间内需要大量压力油的场合。在一些要实现周期性动作的液压系统中,当系统不需要大量油液时，可以把液压泵输出的多余压力油储存在蓄能器内，到需要时再由蓄能器快速释放出来，这样就可以使系统采用流量较小的液压泵获得较快的速度，不但可以减少功率损耗，还可降低系统温升。

（2）维持系统压力　用于压力机或机床夹紧装置的保压回路等场合。当实现保压时，液压泵卸荷，此时由蓄能器把储存着的压力油供应出来，补偿系统的泄漏，维持系统压力。另外，蓄能器还可以用作应急油源，在一段时间内维持系统压力，避免在突然停电时因缺油而引起的事故。

（3）缓和冲击，吸收脉冲压力　用于液压系统中压力波动较大的场合。例如，当液压泵起动或停止、液压阀突然关闭或换向、液压缸起动或制动时，系统中都会出现液压冲击，使用蓄能器可缓和冲击和吸收脉冲压力。

四、油管及管接头

油管及管接头用来将液压元件连接起来构成液压系统。液压系统中常用的油管有钢管、纯铜管、橡胶软管、尼龙管、塑料管等多种类型。考虑配管和工艺的方便，在高压系统中常用无缝钢管，而在中、低压系统中一般用纯铜管。橡胶软管的主要优点是可用于两个相对运动件之间的连接，尼龙管和塑料管价格便宜，但承压力差，可用于回油路及泄油路等处。管接头是油管与油管、油管与液压元件之间的连接件，应满足连接牢固、密封可靠、结构紧凑、拆装方便等要求。管接头的种类很多，常用的几种管接头的结构特点及应用见表1-9。

表1-9　常用管接头的结构特点及应用

类型	结　构　图	特点及应用
扩口式	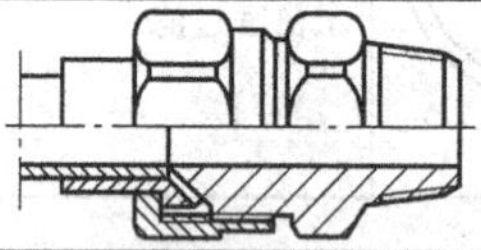	结构简单，适用于中、低压的纯铜管、薄壁钢管、尼龙管和塑料管等连接
焊接式	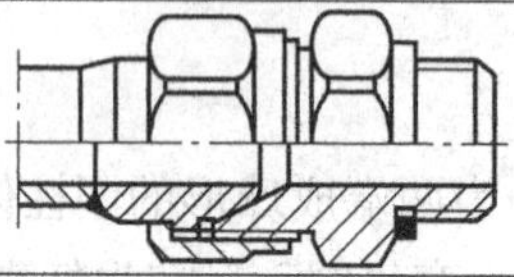	连接牢固，利用球面进行密封，简单可靠，适用于中、低压系统的管壁较厚的钢管连接
卡套式	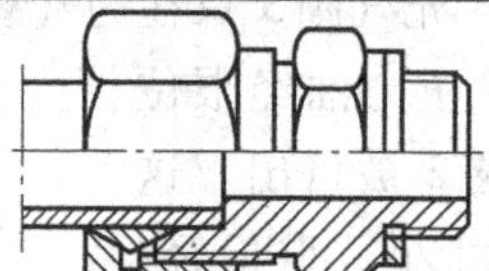	连接高精度冷拔钢管，拆装方便，在高压系统中已被广泛使用
扣压式	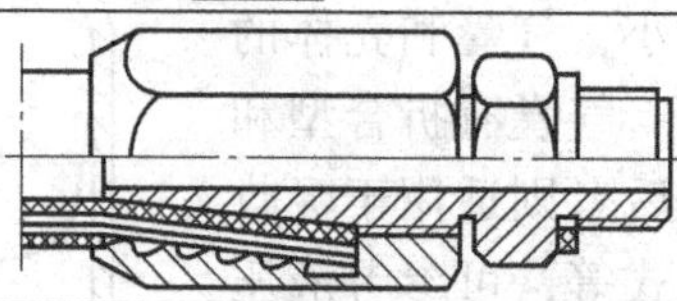	轴向尺寸要求不严，装拆方便，用来连接高压软管
快换式	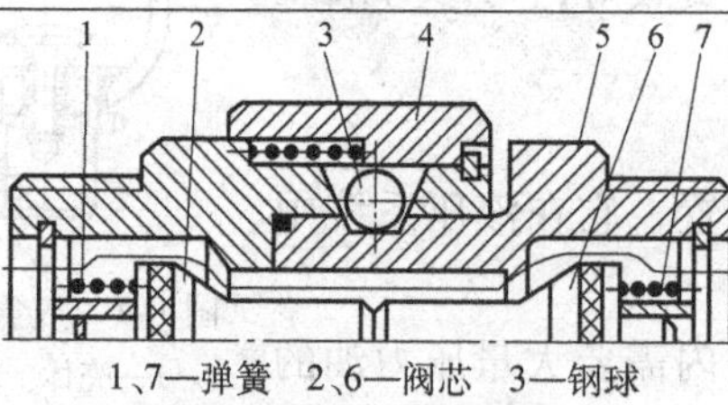 1　2　3　4　5 6 7 1、7—弹簧　2、6—阀芯　3—钢球 4—外套　5—接头体	图示为油路接通的工作位置。当要断开油路时，可用力把外套4向左推，在拉出接头5后，钢球3即从接头体中退出。与此同时，单向阀的锥形阀芯2和6分别在弹簧1和7的作用下将两个阀口关闭，油路即断开。用于需要经常装拆的软管

技能训练：观察认识辅助元件

一、训练目的

1. 通过观察训练，使学生增强对各种辅助元件结构组成、工作原理的认识，进一步巩固理论知识。

2. 通过外形能识别各种辅助元件。

二、训练内容

1. 观察油箱的结构并将观察收获填入表1-10。

表1-10　结果记录表

序号	项　　目	结　　论
1	挡板的位置与作用	
2	放油阀的位置与作用	
3	油位指示器的位置与作用	
4	打开加油口盖,观察内部是否有空气过滤器	
5	加油口的位置与作用	
6	过滤器的位置与作用	
7	冷却装置的作用	

2. 观察图1-8所示的几种过滤器，并将观察收获填入表1-11。

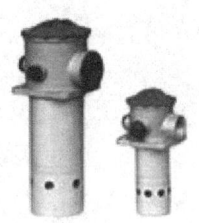

ZU-H滤油器　　　　　　　YTF型滤油器

图1-8　过滤器

表1-11　结果记录表

序号	项　　目	结　　论
1	液压过滤器的名称	
2	比较几种过滤器的过滤精度的高低	
3	液压设备中哪些部位需要设置过滤器	

3. 观察图1-9所示的管接头及软管，并将观察收获填入表1-12。

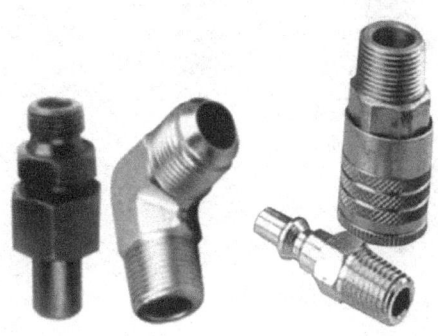

管接头　　　　　　　　快换接头　　　　　　　　管夹　　　　　　　高压橡胶软管

图1-9　管接头及软管

表 1-12   结果记录表

序号	项　　目	结　　论
1	液压系统中油管的材料	
2	连接管路及元件的管接头的类型	
3	你还见过哪几种管接头	
4	其他收获	

三、思考与练习

1. 油箱的功用是什么？

2. 吸油管与压油管的管端，为何要切出 45°的切口，且回油口的斜口要朝向箱壁？吸油管和压油管在油中的高度为什么不一样？

项目二
组装刀架刀盘液压传动系统

本项目通过对 MJ—50 数控车床刀架刀盘液压传动系统（图 2-1 所示）的学习和训练，要求达到如下知识、技能目标：

知识目标：

- 熟悉液压缸的结构、分类、特点及图形符号。
- 熟悉单向阀、换向阀的结构、分类、特点及图形符号和型号。
- 熟悉液压缸、换向阀、单向阀的常见故障。

技能目标：

- 具有正确选用液压缸、换向阀、单向阀并能连接模块液压系统的能力。
- 具有正确调节液压缸、换向阀、单向阀并能调试模块液压系统的能力。
- 具有正确分析、判断模块系统中液压缸、换向阀、单向阀常见故障的能力。
- 具有动手排除模块系统中液压缸、换向阀、单向阀常见故障的能力。

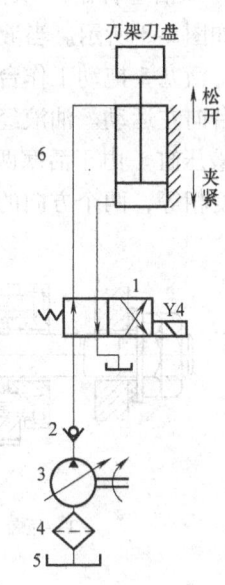

图 2-1　刀架刀盘液压传动系统图

1—电磁换向阀　2—单向阀　3—泵
4—过滤器　5—油箱　6—液压缸

任务一　认识液压缸

通过本任务对液压缸的学习和训练要求达到以下的知识和技能目标：

知识目标：

- 了解液压缸的分类及结构。
- 熟悉液压缸的特点。

技能目标：

- 具有正确选用液压缸和连接液压缸的能力。
- 具有正确分析、判断液压缸常见故障的能力。

　　●具有动手排除系统中液压缸常见故障的能力。

相关知识：液压缸

　　液压缸是将液体压力能转换为机械能的能量转换装置，是液压系统的执行元件。一般用于实现直线往复运动或摆动。

一、液压缸的类型及特点

　　液压缸按结构特点不同，可分为活塞式、柱塞式、摆动式和伸缩套筒式等。

　　1. 活塞式液压缸

　　活塞式液压缸有双活塞杆缸和单活塞杆缸两种，其图形符号如图2-2所示。

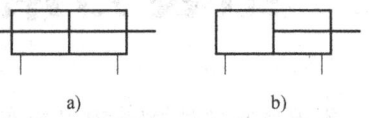

　　（1）双活塞杆缸　双活塞杆缸的两端都有活塞杆伸出，如图2-3所示。当液压缸的左腔进压力油，右腔

图2-2　活塞式液压缸的图形符号
a）双活塞杆缸　b）单活塞杆缸

回油时，活塞5拖动工作台向右运动；反之，活塞5拖动工作台向左运动。油液经孔 a（或 b）、导向套3的环形槽和端盖8上部的小孔进入（或流出）液压缸。由于活塞两端的有效作用面积相同，若供油压力和流量不变，则活塞往复运动速度相等，两个方向的作用力也相同。

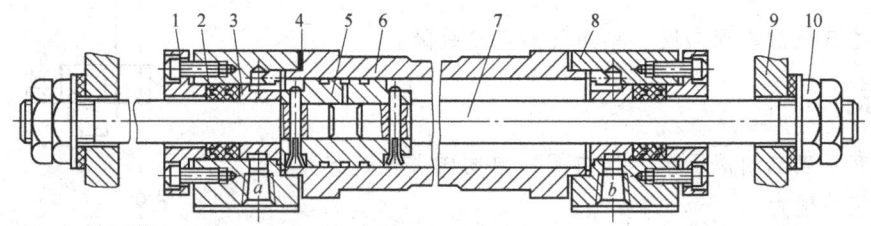

图2-3　双活塞杆缸
1—压盖　2—密封圈　3—导向套　4—密封垫　5—活塞　6—缸体
7—活塞杆　8—端盖　9—支架　10—螺母

　　双活塞杆缸的活塞运动速度 v 和推力 F 可按下式计算

$$v = \frac{4q_V}{A} = \frac{4q_V}{\pi(D^2 - d^2)} \tag{2-1}$$

$$F = pA = p\pi\frac{(D^2 - d^2)}{4} \tag{2-2}$$

式中，q_V 为供给液压缸的流量；A 为液压缸有效工作面积；p 为液压缸进油腔的工作压力；D、d 分别为液压缸内径和活塞杆直径。

　　双活塞杆缸的固定方式有缸体固定和活塞杆固定两种。图2-4a为缸体固定式结构，它的进、回油口设置在缸筒两端，其运动范围约为液压缸有效行程的3倍，占地面积较大，一般用于中小型液压设备。图2-4b为活塞杆固定式结构，进、回油管采用软管时，进回油口可设置在缸筒两端；采用硬管时，进回油口则设置在空心活塞杆两端；其运动范围约为液压缸有效行程的2倍，占地面积较小，常用于行程长的大中型液压设备。

　　（2）单活塞杆缸　单活塞杆缸仅一端有活塞杆。由于液压缸两个腔的有效作用面积不相等，当输入液压缸两腔的压力和流量相等时，活塞（或缸体）在两个方向上的速度和推

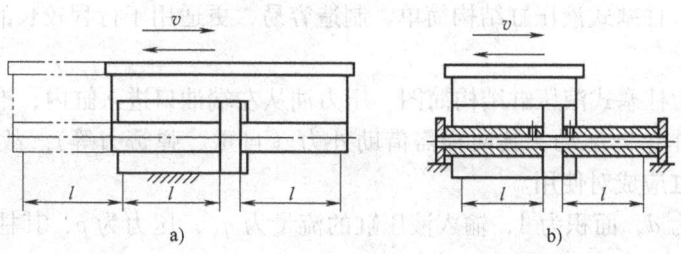

图 2-4　双活塞杆缸运动范围
a）缸体固定式　b）活塞杆固定式

力均不相等。单活塞杆缸，不论是缸体固定，还是活塞杆固定，其运动范围均为液压缸有效行程的两倍左右。

无杆腔进油、有杆腔回油的连接方式如图 2-5a 所示；有杆腔进油、无杆腔回油的连接方式如图 2-5b 所示，两腔同时进油方式，如图 2-5c 所示，这种连接方式称为差动连接。这三种不同的连接方式下，活塞运动速度 v 和推力 F 各不相同，见表 2-1。

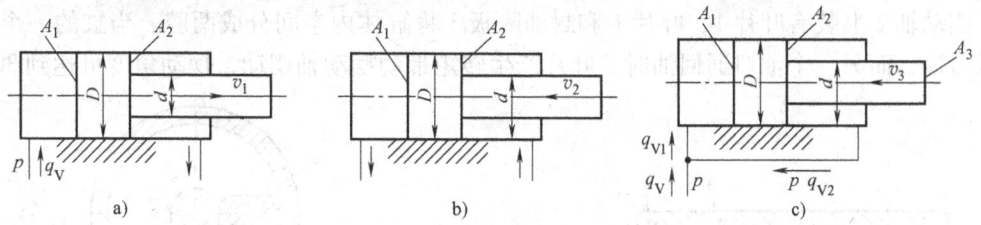

图 2-5　单活塞杆液压缸
a）无杆腔进油、有杆腔回油　b）有杆腔进油、无杆腔回油　c）两腔同时进油

表 2-1　单活塞杆液压缸的运动

连接方式	活塞的推力 F	活塞的运动速度 v
无杆腔进油、有杆腔回油	$F_1 = pA_1 = p\dfrac{\pi D^2}{4}$	$v_1 = \dfrac{q_V}{A_1} = \dfrac{4q_V}{\pi D^2}$
有杆腔进油、无杆腔回油	$F_2 = pA_2 = p\dfrac{\pi(D^2 - d^2)}{4}$	$v_2 = \dfrac{4q_V}{A_2} = \dfrac{4q_V}{\pi(D^2 - d^2)}$
两腔同时进油（差动连接）	$F_3 = F_2 - F_1 = \dfrac{\pi d^2}{4}p$	$v_3 = \dfrac{q_V}{A_3} = \dfrac{4q_V}{\pi d^2}$

由表 2-1 可知，$v_1 < v_2$，$F_1 > F_2$，即无杆腔进油时推力大，速度低；有杆腔进油时推力小，速度高。因此，单活塞杆液压缸常用于在一个方向上有较大负载但运行速度较低、在另一方向上空载退回运动的设备。如各金属切削机床、压力机、注塑机等。

由表 1-6 还可知，$v_3 > v_1$，$F_3 < F_1$，这说明差动连接时，能使运动部件获得较高的速度和较小的推力。因此单活塞杆液压缸常用于需要实现"快进（差动连接）→工进（无杆腔进压力油）→快退（有杆腔进压力油）"工作循环的组合机床等设备的液压系统中。且常要求单活塞杆缸的快进、快退速度相等，即 $v_2 = v_3$，即 $D = \sqrt{2}d$（或 $d = 0.7D$）。

2. 柱塞式液压缸

活塞式液压缸的内表面加工精度要求较高，若缸体较长时，加工较困难。柱塞式液压缸的缸体内壁和柱塞不接触，缸体内壁可不加工或仅作粗加工，因此，只对柱塞及其支承部分进行精加工即可。柱塞式液压缸结构简单，制造容易，更适用于行程较长的导轨磨床、龙门刨床等液压设备。

图 2-6 所示为柱塞式液压缸结构简图。压力油从左端油口进入缸内，推动柱塞 2 向右运动。柱塞缸只能作单向运动，其回程需借助外力（自重、弹簧力等）。故若想实现往复运动，柱塞式液压缸应成对使用。

当柱塞直径为 d，面积为 A，输入液压缸的流量为 q_V，压力为 p，其柱塞上产生的推力 F 和速度 v 为

$$F = pA = p\,\frac{\pi d^2}{4}$$

$$v = \frac{q_V}{A} = \frac{4q_V}{\pi d^2}$$

3. 摆动式液压缸

摆动式液压缸是输出转矩并实现往复摆动的液压执行元件（又称摆动液压马达），常用的摆动式液压缸有单叶片和双叶片两种形式。图 2-7 所示为单叶片摆动式液压缸的工作原理图。摆动轴 2 上装有叶片 1，叶片 1 和封油隔板 3 将缸体内空间分成两腔。当缸的一个油口通压力油，而另一个油口通回油时，叶片产生转矩带动摆动轴摆动，摆动角度可达到 300°。

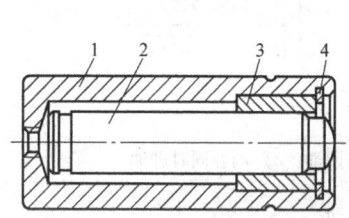

图 2-6　柱塞式液压缸结构简图
1—缸体　2—柱塞　3—导套　4—卡圈

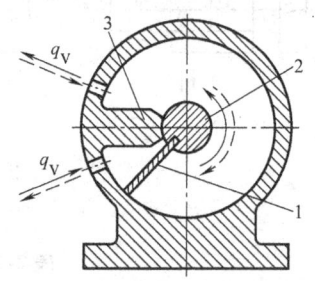

图 2-7　单叶片摆动式液压缸的工作原理
1—叶片　2—摆动轴　3—封油隔板

摆动式液压缸主要特点是结构简单、紧凑，输出转矩大，但密封困难。一般常用于机械手、转位机构及机床回转夹具中。

4. 伸缩套筒式液压缸

图 2-8 所示为多级伸缩套筒式液压缸。这种液压缸的特点是活塞杆伸出行程大，收缩后结构尺寸小。它的推力和速度是分级变化的。伸出时，有效工作面积大的套筒活塞先运动，

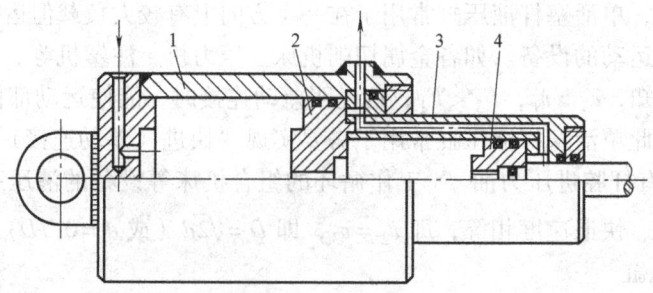

图 2-8　多级伸缩缸
1——级缸筒　2——级活塞　3—二级缸筒　4—二级活塞

运动速度低、推力大；当套筒活塞全部伸出后，活塞才开始运动，此时，运动速度大、推力小。缩回时，一般在活塞全部缩回后，套筒活塞才开始返回。这种液压缸结构紧凑，适用于自卸汽车举升缸、起重机伸缩臂缸等。

二、液压缸的密封、缓冲和排气

1. 液压缸的密封

液压缸及其他液压元件，凡是容易造成泄漏的部位，均应采取相应的密封措施。液压缸的密封好坏，对其工作性能有很大影响。液压缸的密封，主要指活塞与缸体内孔、活塞杆与端盖之间的动密封以及端盖与缸体之间的静密封。常用的密封形式有以下几种：

（1）间隙密封 它依靠相对运动表面间很小的配合间隙（一般为 0.01～0.05mm）来保证密封，如图 2-9 所示。在活塞外圆表面开有几道宽 0.3～0.5mm、深 0.5～1.0mm、间距 2～5mm 的环形小槽（常称为压力平衡槽）。由于平衡槽中油液的压力作用可使活塞与缸体内孔趋于同轴，使泄漏量减小，并能避免金属间的直接接触而减小摩擦磨损，同时增大油液泄漏的阻力（局部压力损失增大），从而提高密封性能。

间隙密封的特点是结构简单、摩擦力小、耐高温、使用寿命长，但其对零部件的加工精度要求高，难以完全消除泄漏，磨损后不能自动补偿。因此，间隙密封仅用于尺寸较小、压力较低、运动速度较高的缸体内孔与活塞之间的密封。

（2）密封圈密封 密封圈密封在液压系统中的应用最广泛。密封圈常用耐油橡胶（或尼龙）压制而成，其断面形状为 O 形、Y 形、V 形等。

图 2-10a 所示为 O 形密封圈。装在槽内的 O 形密封圈是靠橡胶的初始变形及油液压力作用引起的变形来消除间隙而实现密封的。这种密封圈结构简单紧凑、制造容易、密封可靠、摩擦力小、安装方便，因此应用广泛，但密封处的精度要求较高。

图 2-10b 所示为 Y 形密封圈。它是依靠液压力作用而使唇边紧贴于密封表面实现密封的，因此，随着压力增大能自动增大唇边与密封表面的接触压力，提高密封能力，且磨损后能自动补偿。Y 形密封圈主要用于往复运动的密封。Y 形密封圈安装时，唇口端应对着压力高的一侧。

图 2-10c 所示为 V 形密封圈。V 形密封装置由压环 1、密封环 2 和支承环 3 组成。工作原理与 Y 形密封圈相似。安装时，密封圈的唇口应面向压力高的一侧。V 形密封圈密封性能良好、耐高压、寿命长，通过调节压紧力，可获得最佳的密封效果，但 V 形密封装置的摩擦力及结构尺寸都较大。

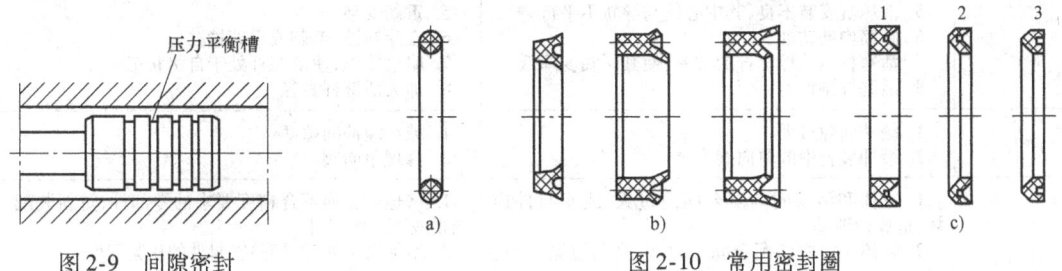

图 2-9 间隙密封

图 2-10 常用密封圈
a) O 形密封圈 b) Y 形密封圈 c) V 形密封圈

2. 液压缸的缓冲

为避免活塞在行程两端与缸盖发生机械碰撞，产生冲击和噪声而影响设备工作精度，导致损坏零件，为此常在大型、高速或高精度液压设备中设置缓冲装置。缓冲的原理是当活塞要到达行程终端时，在活塞和缸盖之间封住一部分油液，油液只能从小孔或缝隙中挤出，以产生较大的回油阻力使工作部件受到制动而逐渐减慢速度，从而实现缓冲，常见的缓冲装置如图 2-11 所示。

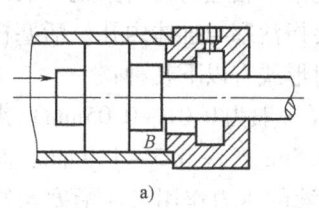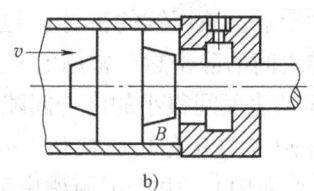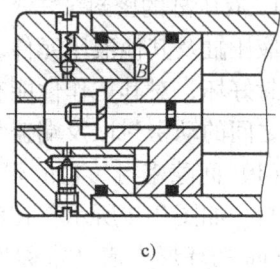

图 2-11　环状间隙式、节流口可调式缓冲装置

a）圆柱形环隙式　b）圆锥形环隙式　c）可调节流式

3. 液压缸的排气

若液压缸中进入空气，会使运动部件产生低速爬行和振动现象，严重时系统将不能正常工作。对精度不高的液压缸，不必专门设置排气装置，而常将进、回油口布置在缸体两端的最高处，使液压缸内空气由流出的油液带出。对精度较高的液压缸，可在液压缸的最高处设置排气塞，排气塞结构如图 2-12 所示。液压系统起动时，拧开排气塞，让液压缸空载全行程快速往复运动多次，使液压缸中的空气由排气塞排出，然后将排气塞关闭，液压缸便可开始正常工作。此外也可采用排气阀进行排气（如外圆磨床液压缸）。

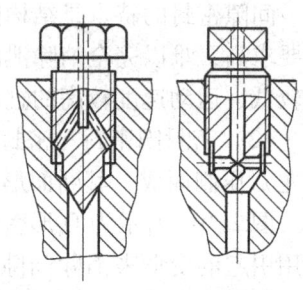

图 2-12　排气塞

三、液压缸常见故障及排除方法（见表 2-2）

表 2-2　液压缸的常见故障及排除方法

故障现象	产 生 原 因	排 除 方 法
爬行	1. 液压缸内有空气混入 2. 运动密封件装配过紧 3. 活塞杆与活塞不同轴，活塞杆不直 4. 导向套与缸筒不同轴 5. 液压缸安装不良，其中心线与导轨不平行 6. 缸筒内壁锈蚀、拉毛 7. 活塞杆两端螺母拧的过紧，使其同轴度降低 8. 活塞杆刚性差	1. 设置排气装置或开动系统强迫排气 2. 调整密封圈，使之松紧适当 3. 校正、修正或更换活塞杆 4. 修正调整 5. 重新安装 6. 去除锈蚀、毛刺或重新镗缸 7. 略松螺母，使活塞杆处于自然状态 8. 加大活塞杆直径
冲击	1. 缓冲间隙过大 2. 缓冲装置中的单向阀失灵	1. 减小缓冲间隙 2. 修理单向阀
推力不足或工作速度下降	1. 缸体和活塞间的配合间隙过大，或密封件损坏，造成内泄漏 2. 缸体和活塞的配合间隙过小，密封过紧，运动阻力大 3. 缸盖与活塞杆密封压的太紧或活塞杆弯曲，使摩擦阻力增加 4. 油温太高，粘度降低，泄漏增加，使缸速降低 5. 液压油中杂质过多，使活塞或活塞杆卡死	1. 修理或更换不合精度要求的零部件，重新装配、调整或更换密封件 2. 增加密封间隙，调整密封件的压紧程度 3. 调整密封件的压紧程度，校直活塞杆 4. 检查温升原因，采取散热措施，改进密封结构 5. 清洗液压系统，更换液压油

（续）

故障现象	产 生 原 因	排 除 方 法
外泄	1. 活塞杆表面损伤或密封件损坏造成活塞杆处密封不严 2. 密封件方向装反 3. 缸盖处密封不良，缸盖螺钉未拧紧	1. 检查并修复活塞杆，更换密封件 2. 更正密封件方向 3. 检查并修理密封件，拧紧螺钉

技能训练：液压缸的折装

一、训练目的

通过拆装训练，使学生对液压缸的结构、组成和工作原理有更深的认识。

二、液压缸的外形图

外形如图 2-13 所示。

图 2-13　液压缸外形图

三、训练步骤

1. 拆开图 2-13 所示液压缸前后端盖紧固螺钉，把活塞、活塞杆、液压缸内的密封圈等零件拆下，依次放好，分析液压缸的组成和工作原理。

2. 把液压缸内所有元件（如活塞、活塞杆、密封圈等）按顺序安装好，装配时注意所有密封件的相对运动工作表面涂上润滑脂，另外装配时要注意动作方向，活塞杆不允许承受偏心或横向负载等。最后把液压缸前后端盖紧固螺钉拧紧。

四、训练思考

1. 认识液压缸的外形并写出液压缸的组成元件。
2. 写出活塞与缸体、端盖与缸体、活塞杆与端盖间的密封形式。
3. 分析液压缸出现爬行现象的原因。
4. 根据训练内容填写表 2-3。

表 2-3　结果记录表

名称	种类	图 形 符 号	工 作 过 程	特点及应用
单杆缸	缸体固定			
	杆固定			
双杆缸	缸体固定			
	杆固定			

任务二　认识单向阀

通过本任务对单向阀的学习和训练要求达到以下的知识和技能目标：

知识目标：

- 了解单向阀的分类及结构。
- 熟悉单向阀的特点。

技能目标：

- 具有正确使用单向阀及正确分析、判断单向阀常见故障的能力。
- 具有动手排除系统中单向阀常见故障的能力。

相关知识：单向阀

1. 普通单向阀和液控单向阀的工作原理、特点及应用（见表2-4）

表2-4　普通单向阀和液控单向阀的工作原理、特点及应用

类型	结　构	工作原理	特点及应用
普通单向阀	 a)结构　b)图形符号 1—阀体　2—阀芯　3—弹簧	当从油口 P_1 流入的压力油产生的推力大于弹簧3的作用力时，阀口开启，油液从 P_2 流出；反之，阀口关闭，油液不能通过	油液只能按一个方向流动而反向截止，故又称止回阀。对单向阀的主要性能要求是：油液通过时压力损失要小，反向截止时密封性要好。若将弹簧换为硬弹簧，则可将其作为背压阀用
液控单向阀	 a)结构　b)图形符号 1—活塞　2—顶杆　3—阀芯	当控制油口 K 未通入压力油时，其作用与单向阀相同，正向流动，反向截止。当控制油口 K 通入压力油后，控制活塞1右侧 a 腔通泄油口，在液压力作用下活塞1向右移动，推动顶杆2顶开阀芯3，阀即保持开启状态，油液正反向均可流动	液控单向阀具有良好的单向密封性，常用于执行元件需要长时间保压、锁紧的情况下，也常用于防止立式液压缸停止运动时因自重而下滑以及速度换接回路中。这种阀也称液压锁

2. 单向阀常见故障及排除方法（见表2-5）

表2-5　单向阀常见故障及排除方法

故障现象	产生原因	排除方法
发生异常的声音	1. 油的流量超过允许值 2. 与其他阀共振 3. 在泄压单向阀中，用于立式大油缸等的回油，没有泄压装置	1. 更换大流量的阀 2. 可适当改变阀的额定压力也可试调弹簧的强弱 3. 补充卸压装置回路

（续）

故障现象	产 生 原 因	排 除 方 法
阀与阀座有严重泄漏	1. 阀座锥面密封不好 2. 滑阀或阀座拉毛 3. 阀座碎裂 4. 螺钉或管螺纹没拧紧	1. 重新研配 2. 重新研配 3. 更换并研配阀座 4. 拧紧螺钉或管螺纹
不起单向作用	1. 滑阀在阀体内咬住，有以下几种情况： ① 阀体孔变形 ② 滑阀配合时有毛刺 ③ 滑阀变形胀大 2. 漏装弹簧	1. 相应采取如下措施： ① 修研阀座孔 ② 修除毛刺 ③ 修研滑阀外径 2. 补装适当的弹簧

技能训练：拆装单向阀

一、训练目的

通过拆装训练，使学生增加对单向阀的结构、工作原理和组成的认识，进一步巩固课堂理论知识。

二、单向阀的外形图

外形如图 2-14 所示。

三、训练步骤

1. 将图 2-14 所示单向阀零部件拆下，依次放好，分析单向阀的组成和工作原理。

2. 把单向阀所有元件按顺序安装好，装配时注意所有元件的相对运动工作表面涂上润滑脂，另外装配时要注意动作方向。

图 2-14 单向阀外形图

四、训练思考

根据训练填写表 2-6。

表 2-6 结果记录表

名称	图 形 符 号	型号	工 作 过 程	特点
单向阀				
液控单向阀				

任务三 认识换向阀

通过本任务对换向阀的学习和训练要求达到如下的知识和技能目标：

知识目标：

- 熟悉换向阀的特点。
- 了解换向阀的分类及结构。

技能目标：

- 具有正确选用换向阀和连接换向阀的能力。
- 具有正确分析、判断换向阀常见故障的能力。
- 具有动手排除系统中换向阀常见故障的能力。

相关知识：换向阀

一、换向阀的类型及特点

换向阀的作用是利用阀芯与阀体间相对位置的改变，改变阀体上各油口的连通或断开状态，从而控制油路连通、断开或改变方向。

换向阀的种类很多，按阀换向阀的操纵方式不同，换向阀可分为手动、机动、电磁动、液动、电液动换向阀等类型；按阀芯在阀体孔内的工作位置数和换向阀所控制的油口通路数可分为二位二通、二位三通、二位四通、二位五通，三位四通、三位五通等类型；按阀芯相对于阀体的运动方式可分为滑阀式、转阀式等类型。这里主要介绍几种常用换向阀的典型结构。

1. 机动换向阀

机动换向阀又称行程阀。它利用安装在运动部件上的挡块或凸轮压动阀芯端部的滚轮使阀芯移动，从而使油路换向。这种阀通常为二位阀，并且用弹簧复位。图2-15所示为二位二通机动换向阀的结构及图形符号。在图示位置，阀芯2在弹簧3作用下处于左位，P 与 A 不连通，当运动部件上的挡块压动滚轮1使阀芯2移至右位时，油口 P 与 A 连通。

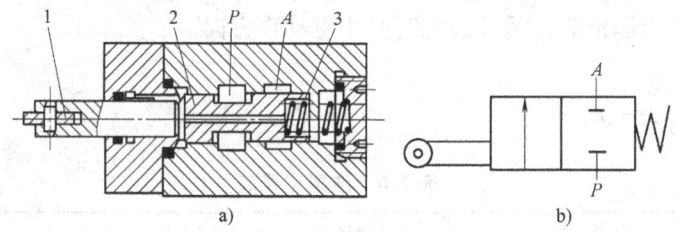

图 2-15　二位二通机动换向阀
a）结构　b）图形符号
1—滚轮　2—阀芯　3—弹簧

机动换向阀结构简单，换向时阀口逐渐关闭或打开，故换向平稳、可靠、位置精度高。常用于控制运动部件的行程或快慢速度的转换，其缺点是它必须安装在运动部件附近，一般油管较长。

2. 电磁换向阀

电磁换向阀是利用电磁铁的吸力控制阀芯换位的换向阀。它操作方便，布局灵活，有利于提高设备的自动化程度，因而应用最广泛。按使用电源不同，有交流（D型）和直流（E型）两种电磁换向阀。

图2-16所示为三位四通直流电磁换向阀结构及图形符号。阀的两端各有一个电磁铁和一个对中弹簧。当右端电磁铁通电时，右衔铁1通过推杆2将阀芯3推至左端，阀右位工作，其油口 P 通 A，B 通 T；当左端电磁铁通电时，阀左位工作，其阀芯移至右端，油口 P

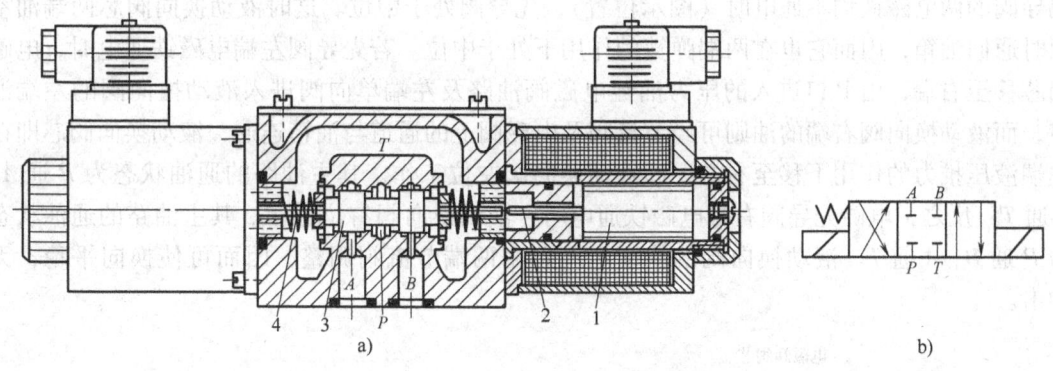

图 2-16　三位四通直流电磁换向阀

a）结构　b）图形符号

1—右衔铁　2—推杆　3—阀芯　4—弹簧

通 B，A 通 T。

电磁换向阀操作方便、灵活，有利于提高设备的自动化程度，因而应用最广泛。

3. 液动换向阀

电磁换向阀布置灵活，易实现程序控制，但受电磁铁尺寸限制，难以用于切换大流量油路。当阀的通径大于 10mm 时常用压力油操纵阀芯换位。这种利用控制油路的压力油推动阀芯改变位置的阀，即为液动换向阀。

图 2-17 所示为三位四通液动换向阀结构及图形符号。当其两端控制油口 K_1 和 K_2 均不通入压力油时，阀芯在两端弹簧的作用下处于中位；当 K_1 进压力油，K_2 接油箱时，阀芯移至右端，其通油状态为 P 通 A，B 通 T；反之，K_2 进压力油，K_1 接油箱时，阀芯移至左端，其通油状态为 P 通 B，A 通 T。

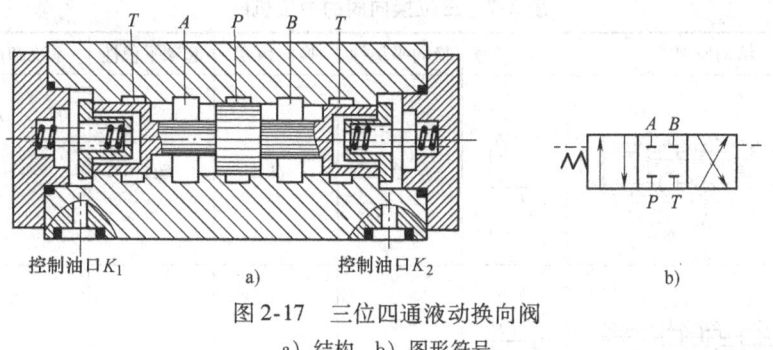

图 2-17　三位四通液动换向阀

a）结构　b）图形符号

液动换向阀经常与机动换向阀或电磁换向阀组合成机液换向阀或电液换向阀，实现自动换向或大流量主油路换向。

4. 电液换向阀

电液换向阀是由电磁换向阀和液动换向阀组成的复合阀。电磁换向阀为先导阀，它用以改变控制油路的方向；液动换向阀为主阀，它用以改变主油路的方向。这种阀的优点是可用反应灵敏的小规格电磁阀方便地控制大流量的液动换向阀。

图 2-18a、b、c 所示为三位四通电液换向阀的结构简图、图形符号和简化符号。当电磁

先导阀的两电磁铁均不通电时（图示位置），先导阀处于中位。这时液动换向阀芯两端油室同时通回油箱，因而它也在两端弹簧的作用下处于中位。若先导阀左端电磁铁通电时，电磁阀芯移至右端，由 P 口进入的压力油经电磁阀油路及左端单向阀进入液动换向阀的左端油腔，而液动换向阀右端的油则可经节流阀及电磁阀上的通道与油箱连通，液动换向阀芯即在左端液压推力的作用下移至右端，即液动换向阀左位工作。其主油路的通油状态为 P 通 A，B 通 T；反之，电磁先导阀右端电磁铁通电时，液动换向阀右位工作。其主油路的通油状态为 P 通 B，A 通 T。液动换向阀的换向时间可由两端节流阀调整，因而可使换向平稳，无冲击。

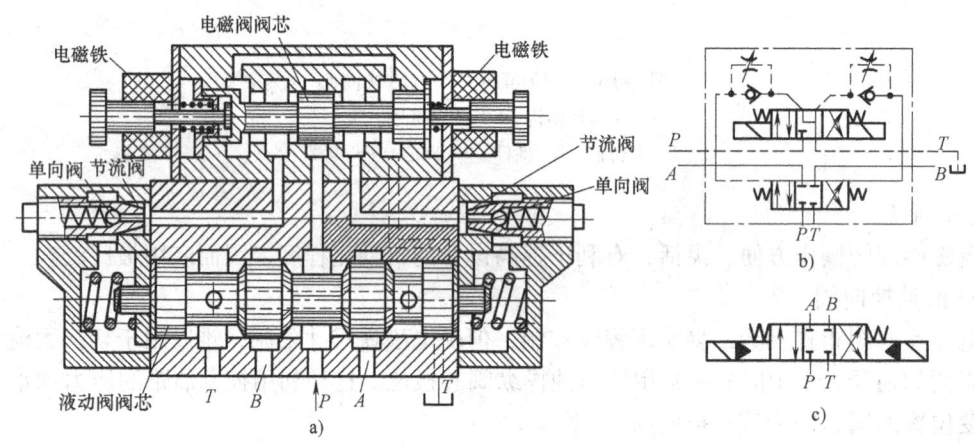

图 2-18　电液换向阀

a) 结构简图　b) 图形符号　c) 简化符号

二、三位换向阀的中位机能（见表 2-7）

表 2-7　三位换向阀的中位机能

中位代号	结构原理图	中位符号	换向平稳性	换向精度	起动平稳性	系统卸荷	缸浮动
O			差	高	较好	否	否
H			较好	低	差	是	是
P			好	较高	好	否	双杆缸浮动 单杆缸差动

（续）

中位代号	结构原理图	中位符号	换向平稳性	换向精度	起动平稳性	系统卸荷	缸浮动
Y			较好	低	差	否	是
M			差	高	较好	是	否

三位换向阀中位时各油口的连通方式称为它的中位机能。不同中位机能可以满足液压系统的不同要求。表2-7列出了5种常用中位机能三位换向阀的结构简图和中位符号。结构简图中为四通阀，若将阀体两端的沉割槽 T 分别接回油管，四通阀即成为五通阀。此外还有 J、C、K 等多种型式中位机能的三位阀，必要时可由液压设计手册中查找。

三位阀中位机能不同，中位时对系统的控制性能也不相同。在分析和选择时，通常要考虑执行元件的换向精度和平稳性要求；是否需要保压或卸荷；是否需要"浮动"或可在任意位置停止等。

三、换向阀常见故障、产生原因、排除方法（见表2-8）

表2-8　换向阀常见故障、产生原因、排除方法

故障现象	产生原因	排除方法
滑阀不能动作	1. 滑阀被堵塞 2. 阀体安装不正确 3. 具有中间位置的对中弹簧折断 4. 操作压力不够	1. 拆开清洗 2. 重新安装阀体的螺钉使压紧力均匀 3. 更换弹簧 4. 操作压力必须大于 0.35MPa
工作程序错乱	1. 因滑阀被拉毛，油中有杂质或热膨胀使滑阀移动不灵活或卡住 2. 电磁阀的电磁铁坏了、力量不够或漏磁等 3. 液动换向阀两端的控制压力失灵或调整不当 4. 弹簧过软或太硬使通油不畅 5. 滑阀与阀孔配合太紧或间隙过大 6. 因压力油的作用使滑阀局部变形	1. 拆卸清洗、配研滑阀 2. 更换或修复电磁铁 3. 调整节流阀、检查单向阀是否封油良好 4. 更换弹簧 5. 检查配合间隙使滑阀移动灵活 6. 在滑阀外圆上开 $1 \times 0.5mm$ 的环形平衡槽
电磁线圈发热过高或烧坏	1. 线圈绝缘不良 2. 电磁铁铁心与滑阀轴线不同心 3. 电压不对 4. 电极焊接不对	1. 更换电磁铁 2. 重新装配使其同心 3. 按规定纠正 4. 重新焊接
电磁铁控制的方向阀作用时有响声	1. 滑阀卡住或摩擦过大 2. 电磁铁不能压倒底 3. 电磁铁铁心接触面不平或接触不良	1. 修研或调配滑阀 2. 校正电磁铁高度 3. 清除污物，修正电磁铁铁心

技能训练1：拆装换向阀

一、训练目的

1. 通过拆装训练，使学生增加对换向阀的结构和组成的感性认识。

2. 通过拆装训练，使学生对换向阀的工作原理有更深的理解。

二、换向阀外形图

外形如图 2-19 所示。

手动换向阀　　　　　　　　电液换向阀　　　　　　　　电磁换向阀

图 2-19　换向阀外形图

三、训练步骤

1. 将换向阀零部件拆下，依次放好，分析换向阀的组成和工作原理。

2. 把换向阀所有元件按顺序安装好，装配时注意所有元件的相对运动工作表面涂上润滑脂，另外装配时要注意动作方向。

四、训练思考

根据训练填写表 2-9。

表 2-9　结果记录表

序号	名　称	图 形 符 号	型号和含义	换 向 方 式
1				
2				

技能训练 2：连接利用液控单向阀的锁紧回路

一、训练目的

1. 加深对液控单向阀使用性能的理解。

2. 培养学生连接回路的能力。

二、训练回路图

回路图如图 2-20 所示。

三、训练步骤

1. 按照训练回路图的要求，选取所需的液压元件并检查其性能是否完好。

2. 将检验好了的液压元件安装在面板的适当位置，通过快速接头和软管按回路要求连接；然后把相应的电磁换向阀插头插到输出孔内。

3. 依照回路图，确认安装和连接正确。

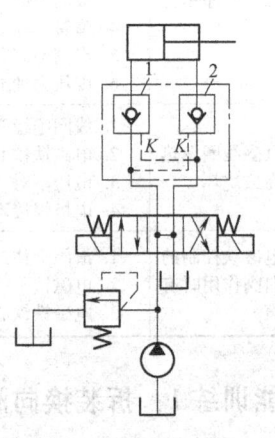

图 2-20　锁紧回路

1、2—液控单向阀

4. 起动泵，运行回路，观察液压缸运动情况。

四、训练思考

根据训练填写表2-10。

表2-10 结果记录表

液压缸运行情况	电磁铁得失电		油液流动路线	
活塞向左	左电磁铁：		进油路：	
	右电磁铁：		回油路：	
活塞向右	左电磁铁：		进油路：	
	右电磁铁：		回油路：	
活塞不动	左电磁铁：		进油路：	
	右电磁铁：		回油路：	

任务四　连接刀架刀盘液压系统

通过对本任务连接刀架刀盘液压系统的学习和训练，要求达到如下的知识和技能目标：

知识目标：

- 读懂刀架刀盘液压传动系统工作原理图。
- 理解各液压元件在系统中的作用。

技能目标：

- 具有分析识读系统的能力。
- 具有正确连接系统的能力。

一、识读刀架刀盘液压系统

如图2-1所示液压回路用来完成刀架换刀动作。刀盘的夹紧与松开动作，是通过二位四通电磁换向阀控制液压缸往复运动实现的。

1. 识读系统中元件并填写表2-11。

表2-11 结果记录表

编号	元件名称	作　用
4		
15		
16		
17		
18		
21		

2. 识读刀盘夹紧与松开回路

分析回路的工作过程并将分析结果填入表2-12。

表2-12   结果记录表

动作顺序	电磁铁 Y4	油 流 情 况	
刀盘夹紧		进油：	
		回油：	
刀盘松开		进油：	
		回油：	

二、连接、调节刀盘夹紧与松开液压系统

1. 根据所给的系统图（图1-2）上的各元件的图形符号找出相应元件。

2. 根据系统图进行液压回路和电气回路的连接并对回路进行检查。

3. 打开电源，起动液压泵观察运行情况，对使用中遇到的问题进行分析和解决。

4. 改变电磁铁的得、失电，观察刀架刀盘夹紧与松开状态的变化。

5. 经实训教师的检查评价后，关闭电源，拆下管线和元件放回原来位置。

6. 对训练过程中取得的数据和现象进行分析，总结得出结论。

三、思考与练习

1. 若将图1-2系统中电磁铁失电夹紧改为得电夹紧，对系统工作有什么影响？

2. 图1-2系统中的单向阀起到什么作用？

项目三
组装卡盘液压传动系统

本项目通过组装如图 3-1 所示卡盘液压传动系统的学习和训练，要求达到如下知识和技能目标：

知识目标：

● 了解压力控制阀的种类、结构及工作原理、常见故障。

● 掌握溢流阀、顺序阀、减压阀和压力继电器的作用及图形符号和型号。

● 熟悉液压系统中常见的调压回路、减压回路、卸荷回路、顺序回路、平衡回路等。

技能目标：

● 能正确动手调节各种压力控制元件和组装各种压力回路、常见故障排除。

● 能正确选择液压元件组装卡盘液压传动系统回路。

● 能正确分析、判断液压系统中常见故障并能动手排除常见故障。

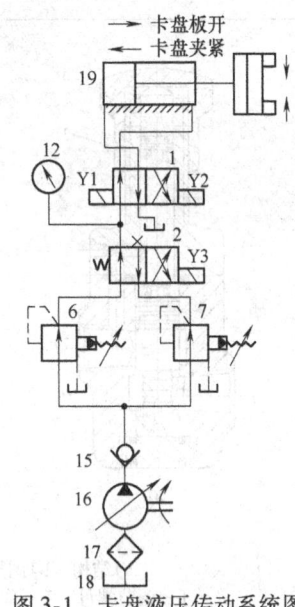

图 3-1　卡盘液压传动系统图
1、2—电磁换向阀　6、7—减压阀
12—压力表　15—单向阀　16—液
压泵　17—过滤器　18—油箱
19—液压缸

任务一　认识溢流阀

通过本任务对溢流阀的学习和训练要求达到如下知识和技能目标：

知识目标：

● 熟悉溢流阀的作用、结构、图形符号和型号。

● 熟悉液压系统中常见的调压回路、卸荷回路等。

技能目标：

● 能正确选择和调节溢流阀等元件，组装简单调压回路、卸荷回路等。

● 能正确分析、判断溢流阀常见故障并能动手排除常见故障。

相关相识：溢流阀

1. 溢流阀的作用

调节系统中的压力及起过载保护作用。

2. 溢流阀的分类、结构、工作原理（见表3-1）

3. 溢流阀的应用和对应回路（见表3-2）

表3-1　溢流阀的分类、结构、工作原理

种类	结　构　图	工作原理	特　点	应　用
直动式溢流阀	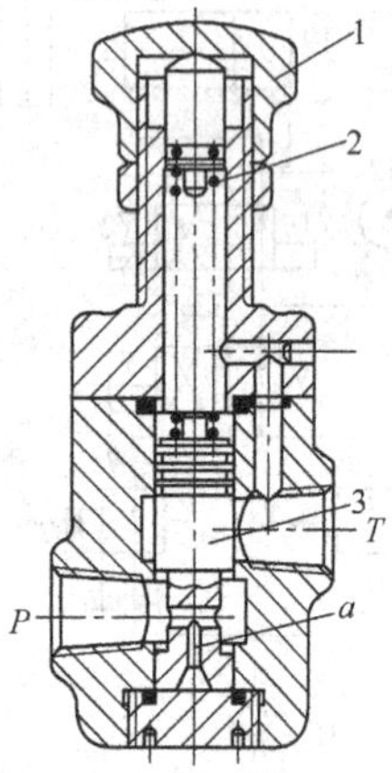 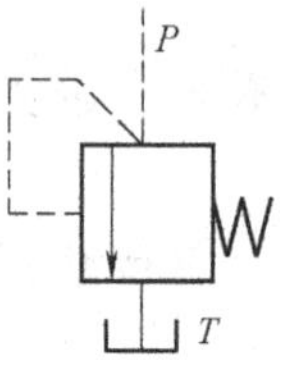 a)结构　b)图形符号 1—调节螺母　2—弹簧　3—阀芯	依靠系统中的压力油直接作用在阀芯3上，与弹簧2的力相平衡，以控制阀芯的开闭动作	当控制较高压力时，溢流阀中的弹簧又粗又硬，调节手柄时费力，系统中的压力和流量的稳定性较差	一般适用于低压、小流量系统中或作先导阀用
先导式溢流阀	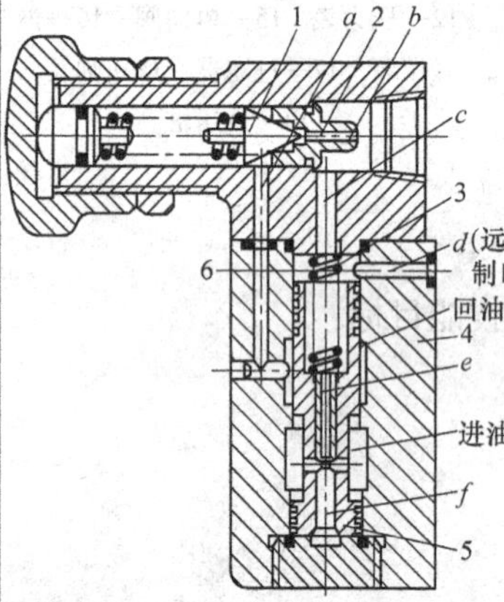 a)结构　b)图形符号 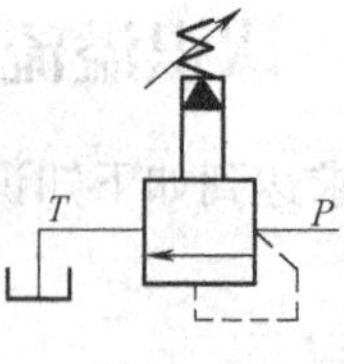 1—先导阀芯　2—先导阀座　3—先导阀体 4—主阀体　5—主阀芯　6—主阀弹簧	先导式溢流阀由先导阀和主阀两部分组成,其主阀芯是利用压差作用控制开闭动作	当控制较高压力时，溢流阀中主阀的弹簧较软，调节轻便，系统中压力、流量的稳定性好,波动小	主要用于中高压系统

表 3-2 溢流阀的应用和对应回路

应 用	对 应 回 路	备 注
调压溢流	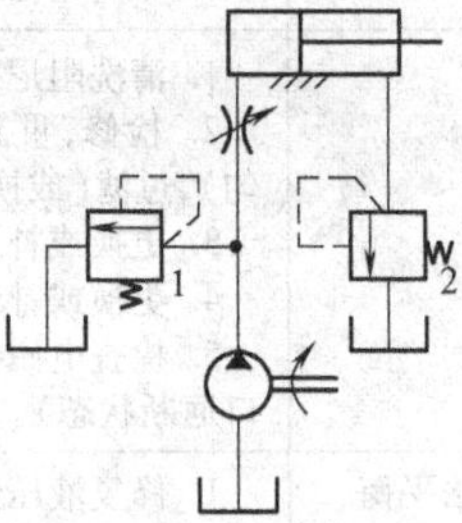	系统采用定量泵供油时,泵输出的油液大于系统所需油液,多余的油液经溢流阀1流回油箱,溢流阀1处于其调定压力下的常开状态。调节弹簧的压紧力,也就调节了系统的最高工作压力。因此,在这种情况下溢流阀的作用为调压溢流,此时溢流阀阀口处于常开状态
安全保护	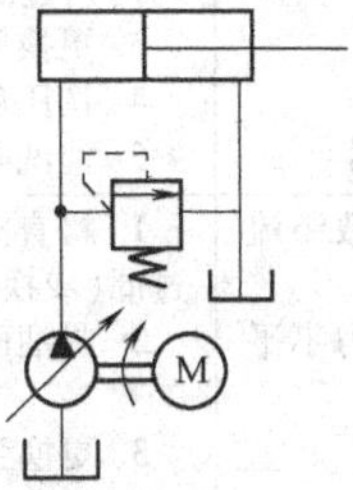	系统采用变量泵供油时,泵的输出油液与系统所需的油液相符,此时系统内没有多余的油需溢流,泵的工作压力由负载决定。系统中的溢流阀只有在过载时才打开,以保障系统的安全。因此,这种系统中的溢流阀又称作安全阀,它的阀口是常闭的
使泵卸荷	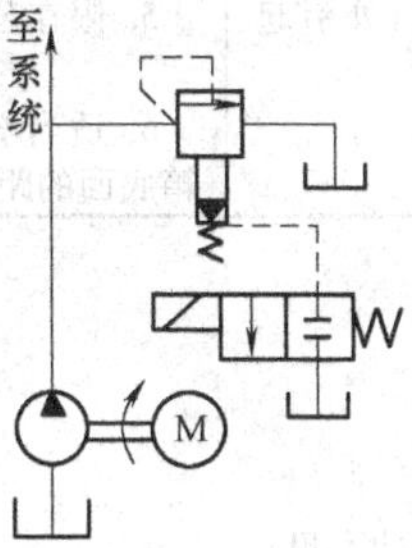	采用先导式溢流阀调压的定量泵系统,当阀的外控口与油箱连通时,其主阀芯在进口压力很低时即可迅速抬起,使泵输出油液经溢流阀流回油箱实现卸荷,以减少能量损耗。左图中当电磁铁通电时,溢流阀外控口通油箱,因而能使泵卸荷
远程调压	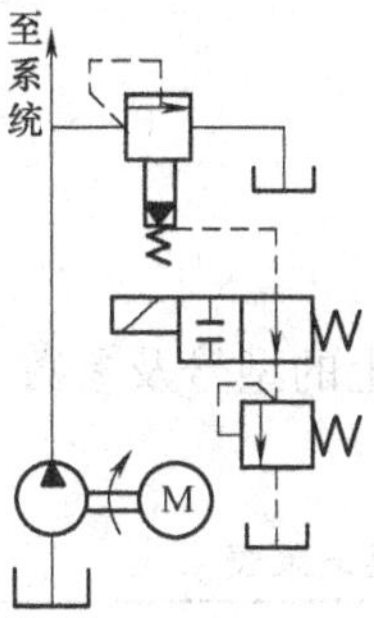	当先导式溢流阀的外控口(远程控制口)与调定压力比它低的溢流阀(或远程调压阀)连通时,其主阀芯上腔的油压只要达到低压溢流阀的调整压力,主阀芯即可抬起溢流(其先导阀不再起调压作用),即实现远程调压
形成背压	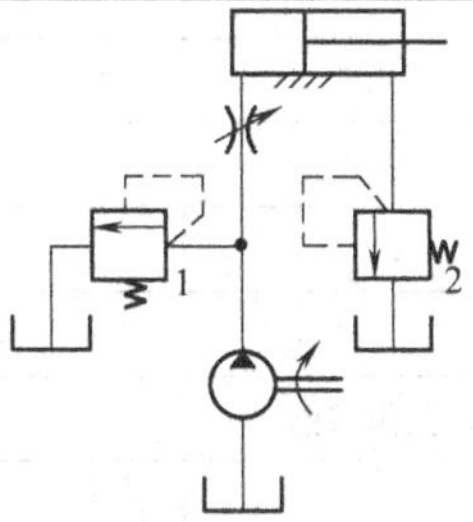	将溢流阀2安设在液压缸的回油路上,使缸的回油腔的油液经溢流阀流回油箱,形成背压,以提高运动部件运动的平稳性,因此这种溢流阀也称背压阀

4. 溢流阀常见故障、产生原因、排除方法（见表3-3）

表3-3　溢流阀常见故障、产生原因、排除方法

故障现象	产 生 原 因	排 除 方 法
无压力	1. 主阀芯阻尼孔堵塞 2. 主阀芯在开启位置卡死 3. 调压弹簧弯曲 4. 锥阀（或钢球）未装（或破碎） 5. 远程控制口通油箱	1. 清洗阻尼孔,过滤（或换）油 2. 检修,重新装配（阀盖螺钉紧固力要均匀）,过滤（或换）油 3. 更换或补装弹簧 4. 更换或补装锥阀（或钢球） 5. 检查电磁换向阀工作状态（或远程控制口通断状态）
压力波动大	1. 液压泵流量脉动太大,使溢流阀无法平衡 2. 主阀芯动作不灵活,时有卡住现象 3. 阻尼孔太大,消振效果差 4. 调压手轮未锁 5. 主阀芯和先导阀座阻尼孔时堵时通	1. 修复液压泵 2. 修换零件,重新装配（阀盖螺钉紧固力应均匀）,过滤（或换）油 3. 更换阀芯 4. 调压后锁紧调压手轮 5. 清洗阻尼孔,过滤（或换）油
振动和噪声大	1. 主阀芯在工作时径向力不平衡,导致溢流阀性能不稳定 2. 锥阀和阀座接触不好,导致锥阀受力不平衡,引起锥阀振动 3. 调压弹簧弯曲,引起锥阀振动 4. 系统内存在空气 5. 通过流量超过公称流量,在溢流口处引起空穴现象 6. 回油管路阻力过高	1. 检查阀体孔和主阀芯的精度,修复零件,过滤（或换）油 2. 封油面圆度误差控制在0.005~0.01mm 3. 更换弹簧（或修磨弹簧端面） 4. 排除空气 5. 限在公称流量范围内使用 6. 适当增大管径,减少弯头,回油管口到油箱底面的距离应达二倍管径以上

技能训练：拆装溢流阀及压力回路连接

一、训练目的

1. 通过装拆进一步理解溢流阀的结构及工作原理。
2. 熟悉压力控制回路的组成及应用。
3. 掌握各种压力控制回路的连接及操作。

二、训练内容

1. 拆装溢流阀

1）观察图3-2所示溢流阀外形并写出铭牌上的型号及参数。

2）拆开溢流阀填写表3-4。

图3-2　溢流阀外形图

表3-4　结果记录表

序号	项　目	结　论
1	阀的名称和职能符号	
2	组成阀的零部件名称	
3	进出油口位置	
4	主阀弹簧与先导阀弹簧有何不同	
5	观察远程控制口的位置,若将该口接油箱,分析阀的工作状态	
6	其他收获	

3）安装溢流阀。

2. 识读并连接压力回路

调压回路是根据系统负载的大小来调节系统工作压力的回路。图3-3所示为三级调压回路。该系统在工作时可实现三种不同的压力。系统最高压力由主溢流阀1调定，系统所需要的两种较低压力值，分别由溢流阀2、3调定。

1）根据回路分析系统工作时电磁铁通断电情况，并填写表3-5。

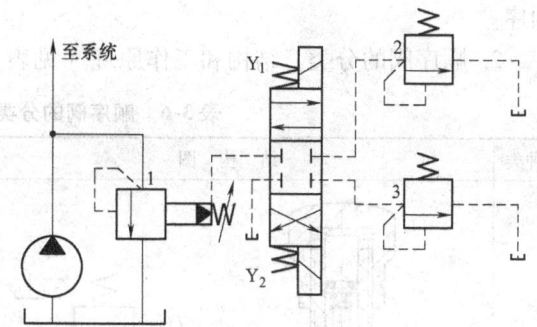

图3-3　三级调压回路
1—主溢流阀　2、3—溢流阀

2）按图3-3所示回路选择好各元件，在试验台上连接好回路，并开机试验，调节压力，检查调压力情况是否正常。

表3-5　结果记录表

系统压力	起调节作用的压力阀	电 磁 铁	
		Y_1	Y_2
$70 \times 10^5 \, Pa$			
$50 \times 10^5 \, Pa$			
$30 \times 10^5 \, Pa$			

3）实训完并经老师评价后，旋松回路中的溢流阀手柄，然后将泵关闭。确认回路中压力为零后方可将胶管和元件取下，整理元件放入规定的抽屉内。

三、思考与练习

1. 若主阀芯上的阻尼小孔被堵，对溢流阀的正常工作有何影响？你从中得到什么启示？

2. 请再拟定一个二级调压回路。

任务二　认识顺序阀

通过对本任务认识顺序阀的学习和训练要求达到如下知识和技能目标：

知识目标：

- 熟悉顺序阀的作用及结构、图形符号和型号，常见故障。
- 熟悉液压系统中常见的顺序回路、平衡回路、卸荷回路等。

技能目标：

- 能正确选择、调节顺序阀等元件，并能组装成顺序回路、平衡回路等。
- 能正确分析、判断顺序阀的常见故障并能动手排除常见故障。

相关知识：顺序阀

1. 顺序阀的作用

利用系统中压力变化来控制阀芯的位置，从而控制油路的通断及系统中执行元件的动作顺序。

2. 顺序阀的分类、结构和工作原理（见表 3-6）

表 3-6 顺序阀的分类、结构和工作原理

种类	结 构 图	工作原理	特点	应 用
直动式顺序阀	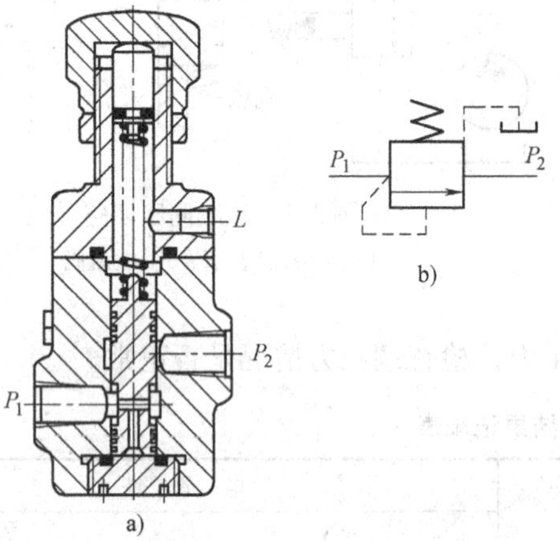 a)结构 a)结构 b)图形符号	直动式顺序阀与先导式顺序阀的符号见左图，其结构与溢流阀基本相同，它是依靠系统中的压力油直接作用在阀芯上与弹簧力相平衡，以控制阀芯的启闭。阀芯的启闭由进油压力控制（又称内控式顺序阀）	工作原理与溢流阀相似，其主要区别是溢流阀出油口接油箱，而顺序阀出油口接执行元件，即进出油口均通压力油，因此它的泄油口要单独接油箱。其工作状态与安全阀相似，在常态下是闭合的，当进油压力较低时阀口关闭，当进油压力达到调定压力时，阀口打开，油液从顺序阀流过	直动式顺序阀应用较普遍
先导式顺序阀	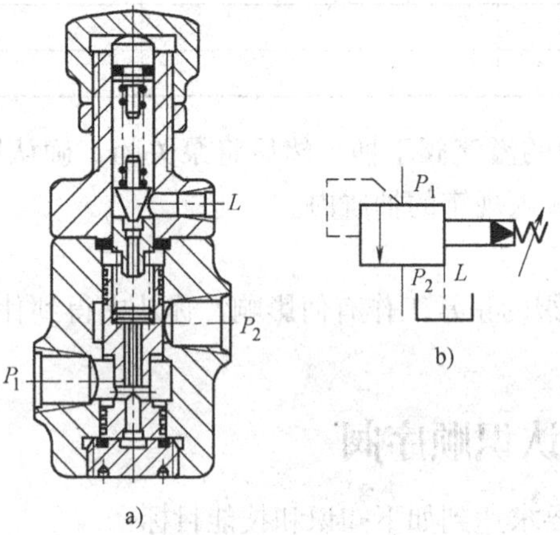 a) a)结构 b)图形符号			
液控式顺序阀	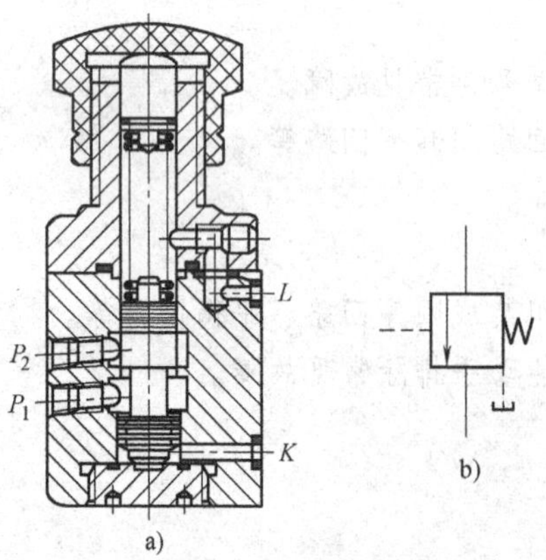 a) a)结构 b)图形符号	阀芯是实心的,控制油是从控制油口 K 引入阀芯底部的。当控制油液压力超过弹簧调定压力时,阀芯打开,P_1 与 P_2 接通。（又称外控式），与主油路压力无关		

3. 顺序阀的应用（见表3-7）

表3-7　顺序阀的应用

应　用	回　路　图	备　注
实现顺序动作		顺序阀在 A 缸进行动作时处于关闭状态,当 A 缸到位后,油液的压力升高,达到顺序阀的调定压力后,打开通向 B 缸的油路,从而实现 B 缸的动作
作平衡阀		为了保持垂直放置的液压缸不因自重而自行下落,可将单向阀与顺序阀并联构成单向顺序阀接入油路,此单向顺序阀又称为平衡阀。这里,顺序阀的开启压力要足以支撑运动部件的自重。当换向阀处于中位时,液压缸即可悬停
使泵卸荷	 1、2—液压泵　3—外控式顺序阀	双泵供油回路中,液压泵 1 为大流量泵,液压泵 2 为小流量泵,两泵并联。在液压缸快速进退阶段,泵 1 输出的油经单向阀后与泵 2 输出的油汇合在一起流往液压缸,使缸获得较快速度;当液压缸转变为慢速工进时,缸的进油路压力升高,外控式顺序阀 3 被打开,泵 1 即开始卸荷,由泵 2 单独向系统供油以满足工进时所需的流量要求
作背压阀	 1—溢流阀　2—顺序阀	阀 1 为溢流阀,阀 2 为顺序阀。当液压缸回油时,回油腔的压力必须达到顺序阀的调定压力,顺序阀阀口才打开,液压缸回油

4. 顺序阀常见故障、产生原因及排除方法（见表 3-8）

表 3-8　顺序阀常见故障、产生原因及排除方法

故障现象	产 生 原 因	排 除 方 法
进出口常通	1. 主阀芯阻尼孔堵塞 2. 主阀芯卡死在开度较大处,调压弹簧断裂或漏装 3. 先导锥阀严重泄漏	1. 清洗阀芯阻尼孔,过滤(或换)油 2. 更换弹簧,清洗主阀芯 3. 检查阀体孔和主阀芯的精度
进出口常闭	1. 主阀芯轴向孔堵塞,压力油无法进入主阀芯底部 2. 泄油口未单独接油箱或泄油通道过细过长或堵塞 3. 液控顺序阀控制压力偏低 4. 主阀芯卡死在关闭状态下	1. 清洗阀芯,过滤(或换)油 2. 检查泄油口并清洗 3. 调大液控顺序阀控制压力 4. 清洗阀芯或修复

技能训练：拆装顺序阀及顺序动作回路连接

一、训练目的

1. 通过装拆进一步理解顺序阀的结构及工作原理。
2. 熟悉顺序动作回路的组成及应用。
3. 掌握各种顺序控制回路的连接及操作。

二、训练内容

1. 拆装顺序阀

1）观察图 3-4 所示顺序阀的外形并写出铭牌上的型号及参数。

图 3-4　顺序阀外形图

2）拆开顺序阀填写表 3-9。

表 3-9　结果记录表

序号	项　目	结　论
1	阀的名称和职能符号	
2	组成阀的零部件名称	
3	指出进出油口位置	
4	与溢流阀的不同之处	
5	其他收获	

3）安装顺序阀。

2. 识读并连接顺序动作回路

顺序动作回路用来控制执行元件动作的先后次序。图3-5所示为顺序阀控制的顺序动作回路。

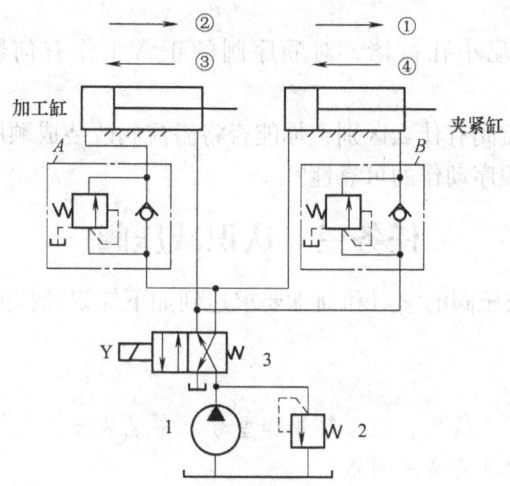

图3-5 顺序动作回路

1）分析回路中主要元件名称及作用，填写表3-10。

表3-10 结果记录表

图中编号	元件名称	作 用
1		
2		
3		
A		
B		
	加工缸	
	夹紧缸	

2）按给定的动作顺序，写出电磁铁得失电状态及油流情况，填写表3-11。

表3-11 结果记录表

动作顺序	电磁铁 Y	油液流动情况	
夹紧缸夹紧		进油路：	
		回油路：	
加工缸加工		进油路：	
		回油路：	
加工缸退回		进油路：	
		回油路：	
夹紧缸松开		进油路：	
		回油路：	

3）按图 3-5 所示回路选择好元件，在试验台上连接好回路，并开机试验，检查动作顺序是否正确。

4）实训完并经老师评价后，旋松回路中的溢流阀手柄，然后将液压泵关闭。确认回路中压力为零后方可将胶管和元件取下，清理元件放入规定的抽屉内。

三、思考与练习

1. 若主阀芯上的阻尼小孔被堵，对顺序阀的正常工作有何影响？你从中得到什么启示？

2. 顺序阀和低压溢流阀有什么区别，你能否将溢流阀改装成顺序阀？

3. 工作时如何保证顺序动作的可靠性？

任务三　认识减压阀

通过对本任务认识减压阀的学习和训练要求达到如下知识和技能目标：

知识目标：

- 熟悉减压阀的作用、结构、图形符号和型号、常见故障。
- 熟悉液压系统中常见的减压回路。

技能目标：

- 能正确选择、调节减压阀等控制元件，并组装减压回路。

相关知识：减压阀

一、减压阀的作用

利用油液流过缝隙时产生压降的原理，使系统某一支油路获得比系统压力低而平稳的压力。

二、减压阀的分类、结构和工作原理（见表 3-12）

表 3-12　减压阀的分类、结构和工作原理

种类	结构图	工作原理	特点	应用
直动式减压阀		依靠系统中的压力油直接作用在阀芯上与弹簧力相平衡，以控制阀芯的启闭动作	结构与溢流阀相似，调节原理也相似，但两者的阀芯形状以及油口连通情况有明显的区别，且减压阀的阀口常开，泄油口要单独接油箱	应用较少

（续）

种类	结 构 图	工作原理	特点	应用
先导式减压阀	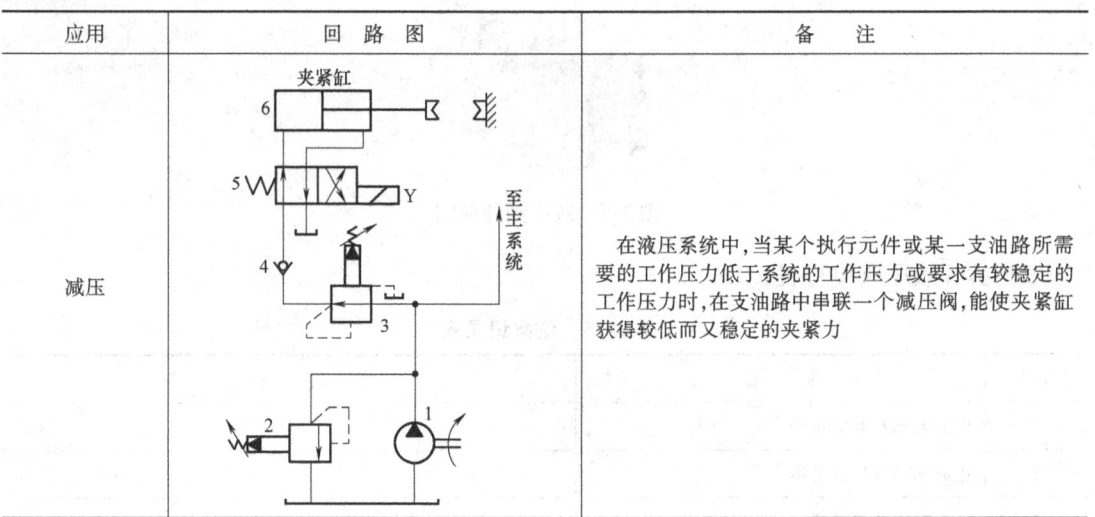 a)结构 b)图形符号 1—调压手轮 2—密封圈 3—弹簧 4—先导阀芯 5—阀座 6—主阀芯 7—主阀体 8—阀盖	先导式减压阀由先导阀和主阀两部分组成,其主阀芯是利用压差作用控制其启闭动作	结构与溢流阀相似,调节原理也相似,但两者的阀芯形状以及油口连通情况有明显的区别,且减压阀的阀口常开,泄油口要单独接油箱	在控制油路、夹紧油路、润滑油路中应用广泛

三、减压阀的应用（见表3-13）

表3-13 减压阀的应用

应用	回 路 图	备 注
减压		在液压系统中,当某个执行元件或某一支油路所需要的工作压力低于系统的工作压力或要求有较稳定的工作压力时,在支油路中串联一个减压阀,能使夹紧缸获得较低而又稳定的夹紧力

四、减压阀常见故障、产生原因及排除方法（见表3-14）

表3-14 减压阀常见故障、产生原因及排除方法

故障现象	产生原因	排除方法
出口压力过低、无流量或流量小	1. 阻尼孔堵塞,主阀芯卡死使阀的进口太小或关闭 2. 调压弹簧刚度过小,锥阀泄漏严重 3. 远程遥控口未堵塞或严重泄漏	1. 清洗阀芯,重新安装,过滤(或换)油 2. 更换弹簧,修复锥阀 3. 清洗远程控制口,重新安装固定

（续）

故障现象	产生原因	排除方法
无减压作用	1. 阻尼孔堵塞，泄油口堵塞 2. 主阀芯卡死在阀的最大开度位置 3. 单向减压阀的单向阀严重堵塞	1. 清洗阀芯，过滤（或换）油 2. 检查阀体孔和主阀芯的精度，清洗阀芯，过滤（或换）油 3. 清洗阀芯
出口压力不稳定	1. 调压弹簧扭曲变形 2. 锥阀与阀座的配合不好 3. 油液中的污物使阻尼孔时堵时通 4. 阀或系统中存在空气	1. 更换弹簧 2. 检查阀体孔和主阀芯的精度，修复零件 3. 清洗阻尼孔，过滤（或换）油 4. 排除空气

技能训练：拆装减压阀及减压回路的连接

一、训练目的

1. 通过装拆进一步理解减压阀的结构及工作原理。
2. 熟悉减压回路的组成及连接操作。

二、训练内容

1. 拆装减压阀

1）观察图 3-6 所示减压阀的外形并写出铭牌上的型号及参数。

图 3-6 减压阀外形图

2）拆开减压阀填写表 3-15。

表 3-15 结果记录表

序号	项目	结论
1	阀的名称和职能符号	
2	组成阀的零部件名称	
3	指出进出油口位置	
4	主阀弹簧与先导阀弹簧有何不同	
5	找出与溢流阀不同之处	
6	其他收获	

3）安装减压阀。

2. 识读并连接减压回路

1）按图 3-7 分析回路工作过程并认识各元件名称及作用，填写表 3-16。

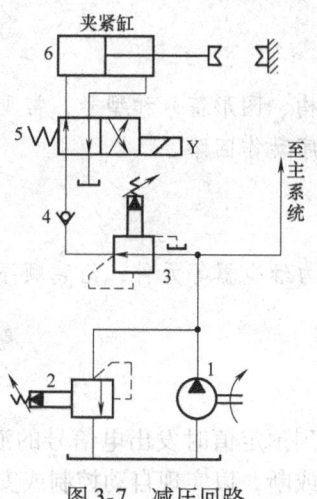

图 3-7　减压回路

表 3-16　结果记录表

图中编号	名称	作　用
1		
2		
3		
4		
5		
6		

2）写出电磁阀电磁铁得失电状态及油流情况，将结果填入表 3-17。

表 3-17　结果记录表

动作顺序	电磁铁 Y	油液流动情况
夹紧缸夹紧		进油路：
		回油路：
夹紧缸松开		进油路：
		回油路：

3）按图 3-4 所示回路图选择好各元件，在试验台上连接好回路，并进行开机运行试验。如有问题再进行分析排除。

4）实训完并经老师评价后，旋松回路中的溢流阀手柄，然后将泵关闭。确认回路中压力为零后方可将胶管和元件取下，清理元件放入规定的抽屉内。

三、思考与练习

1. 若主阀芯上的阻尼小孔被堵，对减压阀的正常工作有何影响？你从中得到什么启示？

2. 有铭牌丢失的先导式溢流阀、减压阀、顺序阀各一个，你如何区别它们。

任务四　认识压力继电器

通过对本任务认识压力继电器的学习和训练要求达到如下知识和技能目标：

知识目标：

- 熟悉压力继电器作用、结构、图形符号和型号，常见故障。
- 熟悉液压系统中常见的顺序动作回路。

技能目标：

- 能正确选择及动手调节压力继电器等元件，组装顺序动作回路。

相关知识：压力继电器

一、压力继电器的作用

压力继电器是使油液压力达到预定值时发出电信号的液-电信号转换元件。它利用液压系统压力的变化来控制电路的通或断，以实现自动控制或安全保护等。

二、压力继电器的结构、工作原理及应用（见表3-18）

表3-18　压力继电器的结构、工作原理及应用

结　　构	工　作　原　理	应　　用
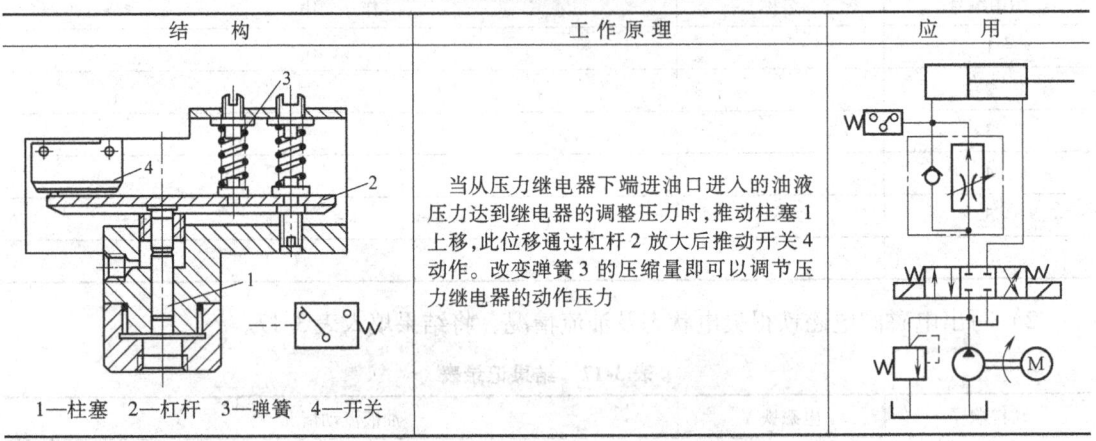 1—柱塞　2—杠杆　3—弹簧　4—开关	当从压力继电器下端进油口进入的油液压力达到继电器的调整压力时，推动柱塞1上移，此位移通过杠杆2放大后推动开关4动作。改变弹簧3的压缩量即可以调节压力继电器的动作压力	

技能训练：识读并连接用压力继电器控制顺序动作的回路

一、训练目的

1. 熟悉用压力继电器控制的顺序动作回路的组成。
2. 掌握顺序控制回路的连接及操作。

二、训练内容

图3-8所示回路为用压力继电器控制电磁换向阀实现由"工进"转为"快退"的回路。

1）按图3-8分析回路工作过程并认识各元件名称及作用，填写表3-19。

2）写出电磁阀电磁铁得失电状态及油流情况。

3）按图3-8所示回路图选择好各元件，在试验台上连接好回路，并进行开机运行试验。如有问题进行分析排除。

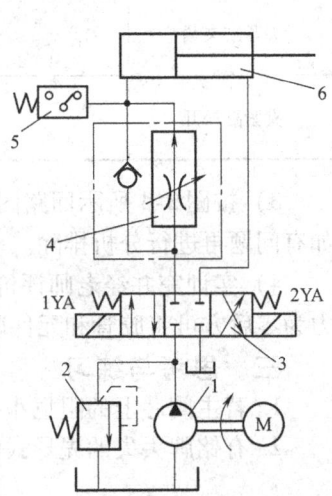

图3-8　用压力继电器控制顺序动作的回路

4）实训完并经老师评价后，旋松回路中的溢流阀手柄，然后将泵关闭。确认回路中压力为零后方可将胶管和元件取下，清理元件放入规定的抽屉内。

表3-19　结果记录表

图中编号	名称	作　用
1		
2		
3		
4		
5		
6		

表3-20　结果记录表

液压缸6动作顺序	电磁铁得电		油液流动情况
	1YA	2YA	
工进			进油路：
			回油路：
快退			进油路：
			回油路：

三、思考与练习

1. 上述回路中的压力继电器的调定压力与液压缸的最高工作压力及溢流阀的调定压力有何关系？

2. 分析图3-9利用压力继电器和蓄能器工作的（保压—卸荷夹紧回路）液压回路图及元件名称。写出工作过程。

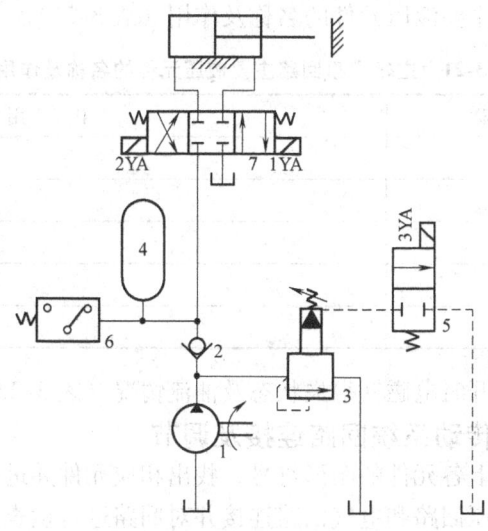

图3-9　用压力继电器和蓄能器工作的保压—卸荷夹紧回路

任务五　连接主轴卡盘液压传动系统

通过对本任务连接卡盘液压传动系统的学习和训练要达到如下知识和技能目标：

知识目标：

- 读懂主轴卡盘液压传动系统。
- 熟悉各元件在系统中的作用。

技能目标：

- 能正确选择及动手调节各种元件，并能按系统图组装成回路
- 能正确分析、判断液压系统中常见故障并能动手排除

一、识读主轴卡盘液压传动系统

数控车床主轴卡盘的夹紧与松开液压回路如图 3-1 所示，该回路实现工件的装夹动作。卡盘的夹紧与松开系统的执行元件是一液压缸，由一个有两个电磁铁的二位四通换向阀 1 控制液压缸的往复运动，卡盘的夹紧力的大小分别由减压阀 6 和 7 控制，高低压转换由一个二位四通电磁换向阀 2 控制。

高压夹紧：3YA 失电、1YA 得电，换向阀 2 和 1 均位于左位。分系统的进油路：液压泵→单向阀→减压阀 6→换向阀 2→换向阀 1→液压缸右腔。回油路：液压缸左腔→换向阀 1→油箱。这时活塞左移使卡盘夹紧（称正卡或外卡），夹紧力的大小可通过减压阀 6 调节。由于阀 6 的调定值高于阀 7，所以卡盘处于高压夹紧状态。松夹时，使 2YA 得电、1YA 失电，阀 1 切换至右位。进油路：液压泵→单向阀→减压阀 6→换向阀 2→换向阀 1→液压缸左腔。回油路：液压缸右腔→换向阀 1→油箱。活塞右移，卡盘松开。

低压夹紧：油路与高压夹紧状态基本相同，唯一的不同是这时 3YA 得电而使阀 2 切至右位，因而液压泵的供油只能经减压阀 7 进入分系统。通过调节阀 7 便能实现低压夹紧状态下的夹紧力。

1. 填写主轴卡盘回路主要液压元件的名称及作用（表 3-21）。

表 3-21　主轴卡盘回路主要液压元件的名称及作用

图中编号	名　称	作　　用
1		
2		
6		
7		
12		

2. 填写卡盘夹紧与松开时电磁铁得失状态及油流情况（表 3-22）。

二、主轴卡盘液压传动系统回路连接及调节

1. 根据所给的系统图上各元件的图形符号，找出相应元件并进行良好固定。

2. 根据系统图进行液压回路和电气回路连接并对回路进行检查。

3. 打开电源，起动液压泵观察运行情况，对使用中遇到的问题进行分析和解决。

表 3-22　卡盘夹紧与松开时电磁铁得失状态及油流情况

动作顺序	电　磁　铁			油液流动情况
	Y1	Y2	Y3	
高压夹紧				进油路：
				回油路：
低压夹紧				进油路：
				回油路：
卡盘松开				进油路：
				回油路：

4. 改变电磁铁的得失电，观察卡盘夹紧与松开状态的变化；观察压力表变化及高压夹紧与低压夹紧状态的变化。

5. 设置系统故障，进行故障排除练习。

6. 经教师的检查评价后，关闭电源，拆下管线和元件放回原来位置。

三、思考与练习

1. 该系统中为何采用两个减压阀、起何作用？

2. 换向阀 1 能改用其他的换向阀吗？

项目四
组装刀架转位液压系统

本项目通过对 MJ-50 数控车床刀架转位液压传动系统（如图 4-1 所示）的学习与训练，要求达到如下知识、技能目标。

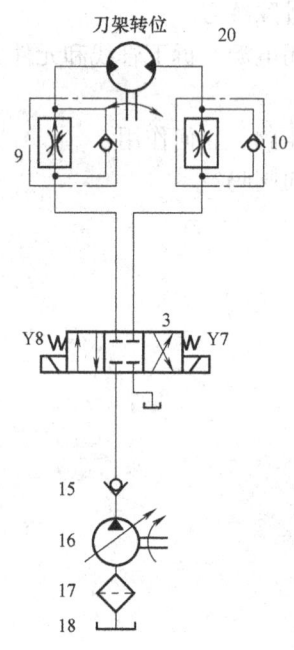

图 4-1　刀架转位液压系统图

3—电磁换向阀　9、10—单向调速阀　15—单向阀　16—液压泵

17—过滤器　18—油箱　20—液压马达

知识目标：

- 知道液压马达、流量控制阀的类型、结构和工作原理。
- 熟悉液压马达、节流阀、调速阀的作用、图形符号和型号及常见故障。

技能目标：

- 具有正确选用及连接、调节液压马达、节流阀、调速阀等液压元件的能力。
- 具有正确分析判断液压马达、节流阀、调速阀常见故障产生原因及排除故障的能力。

任务一　认识液压马达

通过对本任务认识液压马达的学习和训练要求达到如下知识、技能目标：

知识目标：

- 理解液压马达的作用和工作原理。
- 了解液压马达的分类和特点。

技能目标：

- 会动手安装连接液压马达。
- 会分析和排除液压马达的常见故障。

相关知识：液压马达

一、液压马达的类型和特点

液压马达是将液体的压力能转换为连续回转的机械能的液压执行元件。从原理上来说，液压马达和液压泵是可逆的，有一种液压泵就对应有一种液压马达。但由于它们的任务和要求不同，故在结构上略有区别，液压马达按其结构可以分为齿轮式、叶片式、柱塞式三大类型。下面主要介绍叶片式和柱塞式的液压马达。

1. 叶片式液压马达

图 4-2 所示为叶片式液压马达的工作原理图。图示状态下通入压力油后，位于压油腔中的叶片 2、6，因两侧所受液压力平衡而不会产生转矩，叶片 1、3 和 5、7 的一个侧面作用有压力油，而另一个侧面则为回油，由于叶片 1、5 的伸出部分面积大于叶片 3、7，因而能产生转矩使转子顺时针旋转。为保证起动时叶片紧贴定子内表面，叶片除靠压力油作用外，还要靠设置在叶片根部的预紧

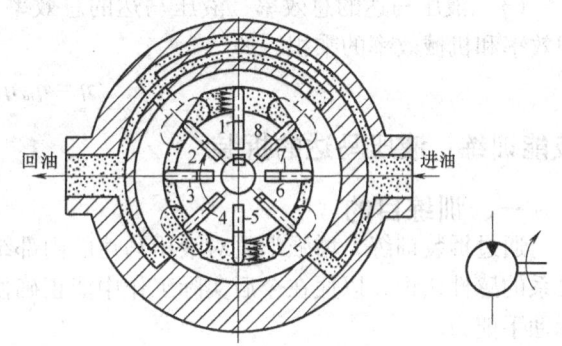

图 4-2　叶片式液压马达的工作原理

弹簧的作用，以保证良好的密封。因为马达要求正反转，故叶片在转子中是径向放置的。

叶片式液压马达体积小、动作灵敏、但泄漏较大、低速不稳定，一般用于高转速、低转矩、频繁换向和要求动作灵敏的场合。

2. 轴向柱塞式液压马达

图 4-3 所示为轴向柱塞式液压马达的工作原理图。当压力油通入液压马达时，处于压油腔的柱塞被顶出压在斜盘上。设斜盘作用在某一柱塞上的反作用力为 F，F 可分解为 F_x 和 F_y 两个分力。其中轴向分力 F_x 和作用在柱塞后端的液压力相平衡，其值为 $F_x = \pi p d^2/4$；垂直于轴向的分力 $F_y = F_x \tan\gamma$，使缸体产生转矩。当改变液压马达的进出油口（或斜盘倾斜方向）时，马达则反向转动；当改变斜盘倾角 γ 时，马达的排量随之改变，其输出转速和转矩也改变。

轴向柱塞式液压马达效率高，多用于大功率、转矩范围大的场合。它也能获得较低的转

速，目前已广泛用于机床及各种自动控制液压系统中，但价格比较昂贵。

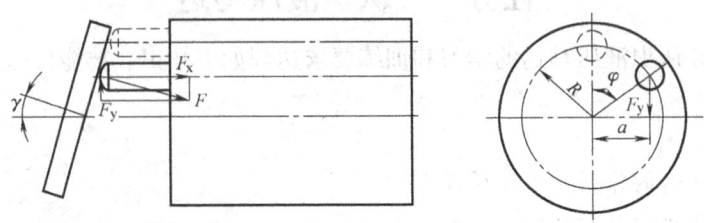

图 4-3 轴向柱塞式液压马达的工作原理

二、液压马达的主要性能参数

从液压马达的功用来看，其主要性能参数有转速 n、转矩 T 和效率和 η。

（1）液压马达的转速 如果排量为 V 的液压马达，液压马达的实际流量为 q_V，容积效率为 η_V，则液压马达的输出转速表达式为

$$n = \frac{q_V}{V}\eta_V$$

（2）液压马达的转矩 液压马达输入为压力能，输出为机械能，则液压马达的输出转矩表达式为

$$T = T_t\eta_m = \frac{pV}{2\pi}\eta_m$$

（3）液压马达的总效率 液压马达的总效率为输出功率与输入功率的比值，它等于容积效率和机械效率的乘积，即

$$\eta = \eta_m\eta_V$$

技能训练：液压马达的拆装

一、训练目的

通过拆装训练，增强学生对液压马达的内部结构、工作原理、主要零部件相互之间配合关系的感性认识，以便在今后实际工作中能正确使用、维修和保养液压马达，提高学生的实际动手能力。

二、液压马达外形图

外形如图 4-4 所示。

三、拆装的一般工艺过程

1. 拆装前应使学生了解所拆装液压马达的结构组成及工作原理，如有拆装流程图，应参考该图进行。

2. 解体。按照结构图或拆装流程图，首先拆分成部件，然后分解各部件，一般应由外向里拆卸。记录拆下零件的顺序，并记住各零件在马达内的安装位置和方向。

图 4-4 液压马达外形图

3. 清洗与检验。拆下的零件用煤油清洗干净，检查密封圈有无老化或损坏，更换不符合要求的零件。

4. 装配。按照与拆卸相反的顺序进行，先组装部件，后装配整体。待装配的零件表面应无划伤、锈蚀，装配时在各配合表面涂上润滑油，对有定位槽的零件要对准位置，应防止装反、装乱和漏装零件。

5. 安装完毕，应检查马达轴转动是否灵活，各连接件是否牢靠等，并清理现场。

四、思考与练习

根据训练内容填写表4-1。

表4-1 结果记录表

马达型号、规格	
马达最大扭距、最大转速	
马达安装管接头种类	
马达叶片放置方向	
其他收获	

任务二 认识节流阀

本任务通过对认识节流阀的学习和训练要求达到如下知识、技能目标：

知识目标：

- 理解节流阀的作用和工作原理、图形符号和型号，常见故障。
- 读懂节流阀组成不同的调速系统。

技能目标：

- 会正确安装节流阀元件。
- 能根据系统图连接调速回路并正确调节节流阀的开口大小。

相关知识：节流阀

一、流量控制阀的作用

流量控制阀是通过改变阀口过流面积来调节通过阀口流量，从而控制执行元件运动速度的控制阀。流量控制阀主要有节流阀、调速阀和温度补偿型调速阀等。

二、节流阀的结构、工作原理特点及应用（见表4-2）

表4-2 节流阀的结构、工作原理特点及应用

节流阀的结构	节流阀的工作原理	节流阀的特点应用
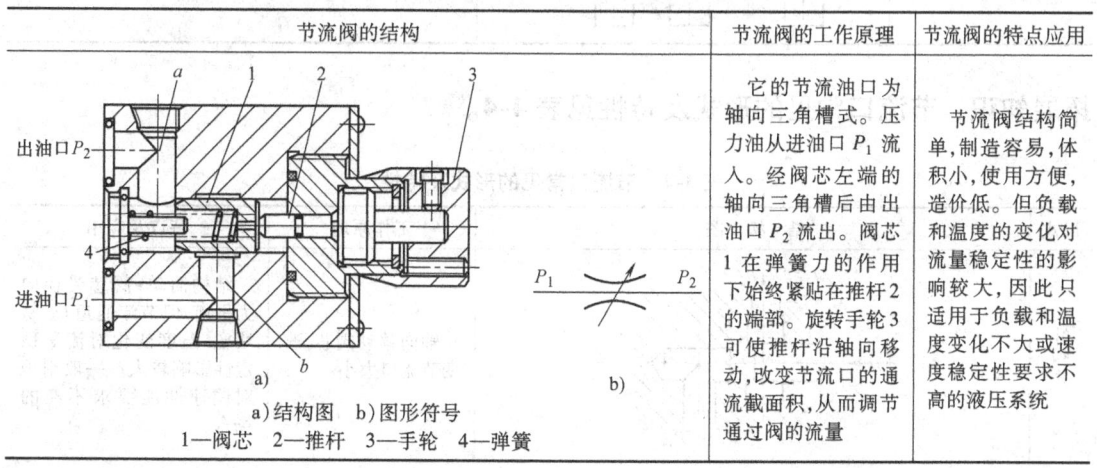a)结构图 b)图形符号 1—阀芯 2—推杆 3—手轮 4—弹簧	它的节流油口为轴向三角槽式。压力油从进油口 P_1 流入。经阀芯左端的轴向三角槽后由出油口 P_2 流出。阀芯1在弹簧力的作用下始终紧贴在推杆2的端部。旋转手轮3可使推杆沿轴向移动，改变节流口的通流截面积，从而调节通过阀的流量	节流阀结构简单，制造容易，体积小，使用方便，造价低。但负载和温度的变化对流量稳定性的影响较大，因此只适用于负载和温度变化不大或速度稳定性要求不高的液压系统

三、节流阀的应用（见表4-3）

表4-3 节流阀的应用

节流调速回路种类	回 路 图	说 明
进油路 节流调速回路		这种调速回路将节流阀设置在执行元件的进油路上，由于节流阀串联在电磁换向阀前，所以活塞往复运动均属于进油路节流调速。进油路节流调速因节流阀和溢流阀是并联的，故调节节流阀阀口大小，便能控制进入液压缸的流量而达到调速目的 　根据进油路节流调速回路的特点，节流阀进油路节流调速回路适用于低速、轻载、负载变化不大和对速度刚性要求不高的场合
回油路 节流调速回路		这种调速回路将节流阀设置在执行元件的回油路上，由于节流阀串联在液压缸与油箱之间的回油路上，所以活塞往复运动都属于回油路节流调速。用节流阀调节液压缸回油流量，而控制进入液压缸的流量。该回路有两大突出优点：回油路有较大的背压，运动平稳性好，经节流阀后发热的油液流回油箱，利于散热 　适用于功率不大，负载变化较大或运动平稳性要求较高的场合
旁油路 节流调速回路		这种调速回路将节流阀设置在与执行元件并联的支路上，用节流阀来调节流回油箱的流量以间接控制进入液压缸的流量、从而达到调速目的。回路中溢流阀常闭，起安全保护作用，故液压泵的供油压力随负载变化而变化。旁油路节流调速适用于负载变化小和对运动平稳性要求不高的高速大功率场合

拓展知识：节流口常见的形式及特性见表4-4。

表4-4 节流口常见的形式及特性

形式	结 构 图	工作原理	特点及应用
针阀式		轴向移动阀芯，改变节流口大小	结构简单，阀芯受径向力平衡，但节流通道长，易堵塞，温度变化对流量稳定性影响较大。一般用于对调速性能要求不高的场合

（续8）

形式	结　构　图	工作原理	特点及应用
偏心槽式	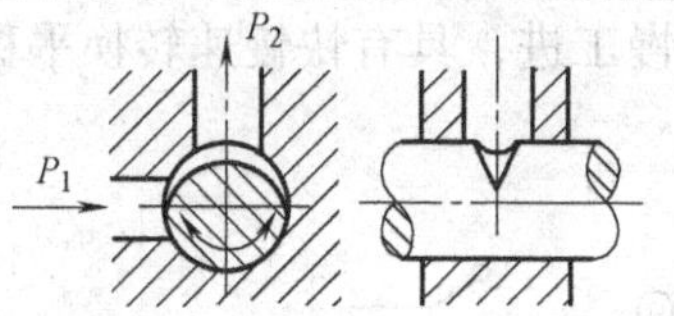	转动阀芯，改变节流口大小	结构简单，制造容易，阀芯受径向力不平衡，调节费力，一般用于压力较低、流量稳定性要求较低的场合
轴向三角槽式	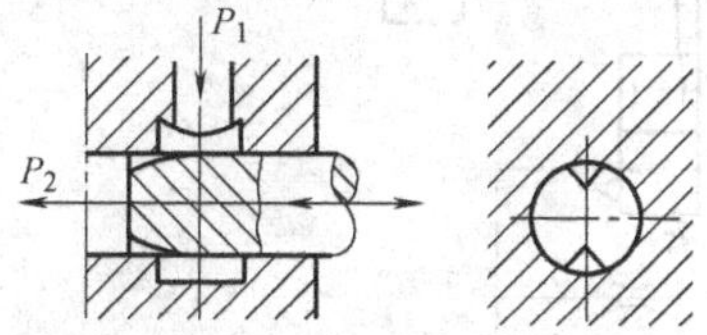	轴向移动阀芯，改变节流口大小	结构简单，工艺性好，可得到较小的稳定流量且调节范围大，阀芯径向力平衡，调节省力，但节流通道较长，流量受温度变化影响较大。目前应用广泛
周向缝隙式	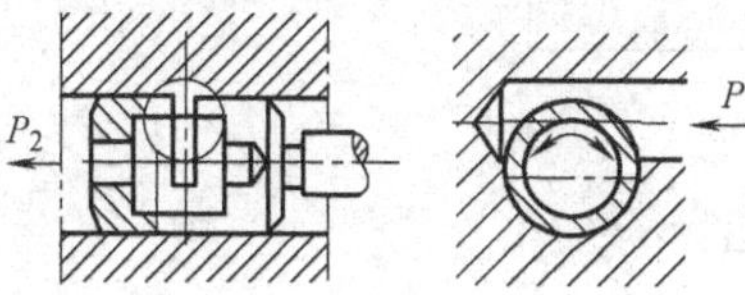	旋转阀芯，改变节流口大小	可得到较小的稳定流量，流量受温度变化影响小，但阀芯受径向力不平衡，一般用于流量较小、流量稳定性较高的场合
轴向缝隙式	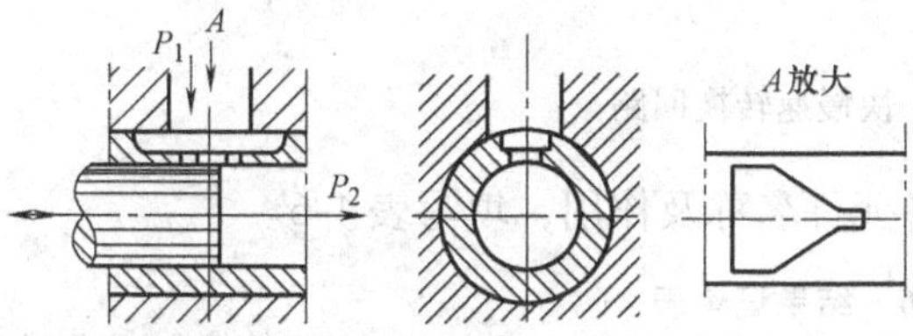	改变阀芯轴向位置，改变节流口大小	节流通道较短，不易堵塞，流量受油液温度影响小。用于流量较小、流量稳定性较高的场合

节流阀的流量稳定性是衡量节流阀的一个重要性能指标。影响节流口流量稳定性的因素有节流口的前后压差、温度变化及节流口的形状。

技能训练：拆装节流阀及速度转换回路连接

一、训练目的
1. 通过拆装训练，增强学生对节流阀的内部结构和工作原理的理解。
2. 熟悉速度转换回路的组成及连接操作。

二、训练内容
1. 拆装节流阀

1）拆开如图4-5所示节流阀，观察内部结构，根据自己的收获填写表4-5。

图4-5　节流阀外形图

表4-5　结果记录表

节流阀型号、图形符号	
节流阀开口最大时通过的最大流量	
节流口形式及阀的安装形式	
调节螺母顺时针旋转时节流阀调节的流量是由大到小还是由小到大	
其他收获	

2）装好节流阀。

2. 识读连接快慢速转换回路

图4-6所示此回路可实现液压缸由快进转为慢工进，具有快慢速转换平稳，换接点位置较准确等优点。

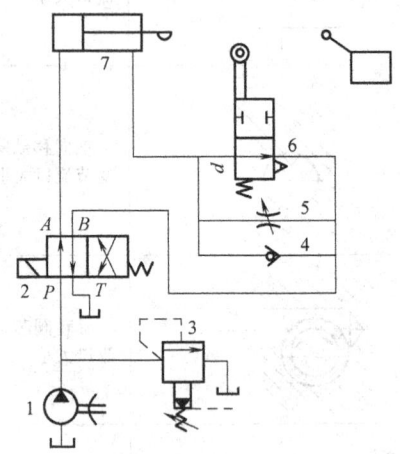

图4-6　快慢速转换回路

1）按上图分析回路工作过程并认识各元件名称及作用，填写表4-6。

表4-6　结果记录表

序号	名　称	作　用
1		
2		
3		
4		
5		
6		
7		

2）分析回路工作过程时的油流情况，填写表4-7。

表4-7　结果记录表

动作顺序	阀的工作位		油液流动情况
	阀2	阀6	
快进			进油路：
			回油路：
慢速工进			进油路：
			回油路：
退回			进油路：
			回油路：

3）选择好各元件，在试验台上连接好回路，并开机试验，调节溢流阀、换向阀及节流阀等，观察活塞运动速度的变化情况。

4）经实训教师检查评价后，关闭电源，拆下管线和元件放回原来位置。

任务三　认识调速阀

通过本任务对调速阀的学习和训练要求达到如下知识、技能目标：

知识目标：

- 理解调速阀的作用和工作原理、图形符号和型号，常见故障。
- 熟悉调速阀组成的不同调速系统。

技能目标：

- 会正确安装调速阀并能连接各种调速回路。
- 会根据系统的要求正确调节调速阀的开口大小，实现调速。

相关知识：调速阀

一、调速阀的结构、工作原理特点及应用（见表4-8）

表4-8　调速阀的结构、工作原理特点及应用

调速阀的结构简图	调速阀工作原理的特点	调速阀的应用
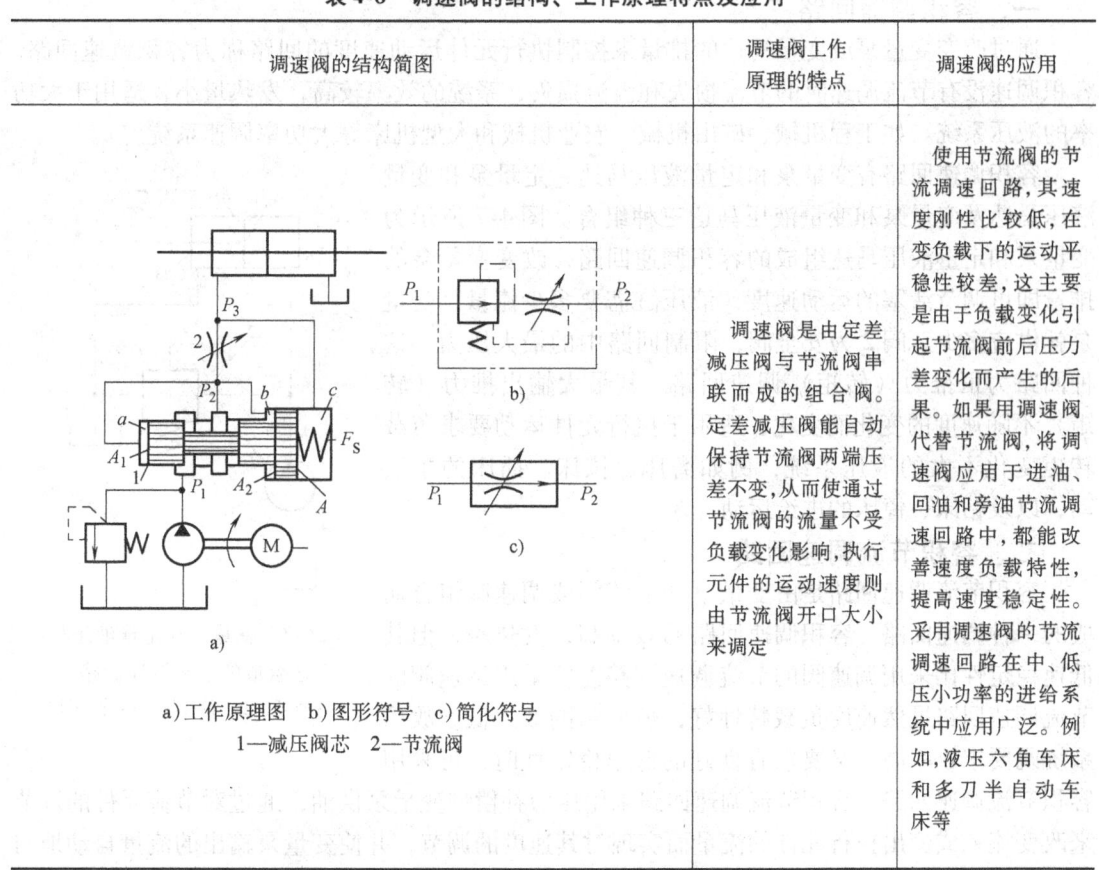 a)工作原理图　b)图形符号　c)简化符号 1—减压阀芯　2—节流阀	调速阀是由定差减压阀与节流阀串联而成的组合阀。定差减压阀能自动保持节流阀两端压差不变，从而使通过节流阀的流量不受负载变化影响，执行元件的运动速度则由节流阀开口大小来调定	使用节流阀的节流调速回路，其速度刚性比较低，在变负载下的运动平稳性较差，这主要是由于负载变化引起节流阀前后压力差变化而产生的后果。如果用调速阀代替节流阀，将调速阀应用于进油、回油和旁油节流调速回路中，都能改善速度负载特性，提高速度稳定性。采用调速阀的节流调速回路在中、低压小功率的进给系统中应用广泛。例如，液压六角车床和多刀半自动车床等

二、调速阀常见故障、产生原因、排除方法（见表4-9）

表4-9　调速阀常见故障、产生原因、排除方法

故障现象	产生原因	排除方法
调节失灵	1. 定差减压阀阀芯与阀套孔配合间隙太小,导致阀芯移动不灵活或卡死 2. 定差减压阀弹簧太软(或弯曲、折断) 3. 油液过脏使阀芯卡死 4. 节流阀阀芯与阀孔配合间隙太大而造成较大泄漏 5. 节流阀阀芯与阀孔配合间隙太小(或变形)而卡死 6. 节流阀阀芯轴向孔堵塞 7. 调节手轮的紧定螺钉松或掉、调节轴螺纹被赃物卡死	1. 检查、修配间隙使阀芯移动灵活 2. 更换弹簧 3. 拆卸清洗,过滤(或换)液压油 4. 修磨阀孔,单配阀芯 5. 配研阀芯,保证配合间隙 6. 拆卸清洗,过滤(或换)油 7. 拆卸清洗,紧固紧定螺钉
流量不稳定	1. 定差减压阀阀芯卡死 2. 定差减压阀阀套小孔时堵时通 3. 定差减压阀弹簧弯曲、变形、端面与轴线不垂直或太硬 4. 节流孔口处积有污物,造成时堵时通 5. 温升过高 6. 系统中有空气	1. 拆卸清洗、修配,使阀芯移动灵活 2. 拆卸清洗,过滤(或换)液压油 3. 更换弹簧 4. 拆卸清洗,过滤(或换)液压油 5. 降低油温 6. 将空气排除

拓展知识：调速回路

一、容积调速回路

通过改变变量泵或变量马达的排量来控制执行元件运动速度的回路称为容积调速回路。容积调速没有节流调速时的节流损失和溢流损失，系统的效率较高，发热量小，适用于大功率的液压系统。如工程机械、矿山机械、农业机械和大型机床等大功率调速系统。

容积调速回路有变量泵和定量液压马达、定量泵和变量液压马达及变量泵和变量液压马达三种组合。图4-7所示为变量泵和定量液压马达组成的容积调速回路，改变变量泵的排量即可调节活塞的运动速度，液压缸需要多少流量，变量泵就供应多少。阀2为安全阀，限制回路中的最大压力。这种回路为恒推力（转矩）调速回路。其最大输出推力（转矩）不随速度的变化而变化，适用于执行元件运动要求负载转矩变化不大的液压系统，例如磨床、拉床、插床的主运动，以及钻床、镗床的进给运动。

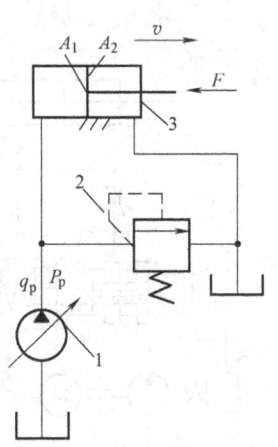

图4-7　变量泵和定量液压马达组成的容积调速回路

1—油泵　2—溢流阀　3—液压缸

二、容积节流调速回路

容积节流调速回路是由变量泵和节流阀或调速阀组合而成的一种调速回路。容积调速回路的效率高，发热小，但其低速稳定性比采用调速阀的节流调速回路差。采用调速阀的节流调速回路虽然速度负载特性好，但回路的效率低。故当系统既要求效率高、又要求有良好的低速稳定性时，可采用容积节流调速回路。容积节流调速回路采用压力补偿型变量泵供油，通过对节流元件的调节来改变流入或流出执行元件的流量而实现对其速度的调节，并使变量泵输出的流量自动地与执行元件所需流量相适应。该回路只有节流损失，没有溢流损失，效率较高，且速度稳定性比容积调速好。常用在速度范围大的中小功率场合，例如组合机床的进给系统等。

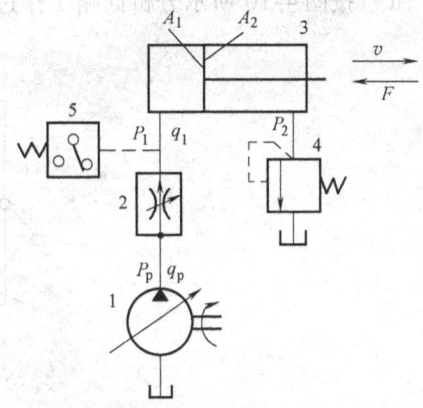

图 4-8 所示为限压式变量泵和调速阀组成的容积节流调速回路。调速阀装在进油路上（也可装在回油路上），液压缸运动速度由调速阀中节流阀的通流截面积来控制，变量泵输出的流量 q_p 与进入液压缸的流量 q_1 相适应。因此，如果 $q_p > q_1$ 时，由于没有溢流阀，泵的出口压力便立即上升，使限压式变量泵的流量自动减小到和调速阀调定的流量相适应，即 $q_p = q_{1兴}$；如果 $q_p < q_1$ 时，则使泵的出口压力降低，又使泵的流量自动增大到与调速阀调定的流量相适应，即 $q_p = q_{1兴}$。调速阀除了稳定进入液压缸的流量外，还使泵的流量与液压缸的需要量相匹配，并使泵的供油压力基本恒定不变。这种容积节流调速回路的速度刚性、运动平稳性、承载能力和调速范围都与用调速阀的节流调速回路类同。

图 4-8　限压式变量泵和调速阀组成的
容积节流调速回路

1—油泵　2—调速阀　3—液压缸
4—背压阀　5—压力继电器

技能训练：调速阀的拆装及识读连接速度换接回路

一、训练目的：通过拆装训练，使学生增加对调速阀的内部结构、工作原理的认识，以便在今后实际工作中能正确使用和维修保养调速阀，提高学生的实际动手能力。

二、训练内容

1. 拆装调速阀

1）拆开图 4-9 所示调速阀，观察内部结构，根据自己的收获填写表 4-10。

2）装好调速阀。

图 4-9　调速阀外形图

表 4-10　结果记录表

调速阀型号、图形符号	
调速阀开口最大时通过的最大流量	
调速阀安装形式	
调速阀和节流阀的区别	
其他收获	

2. 识读连接速度换接回路

1）按图 4-10 所示分析回路工作过程并认识各元件名称及作用，填写表 4-11。

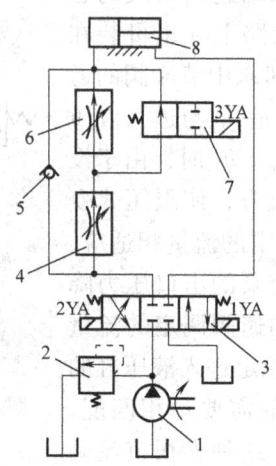

图 4-10　串联调速阀慢速—慢速切换回路

表 4-11　结果记录表

序号	名称	作　用
1		
2		
3		
4		
5		
6		
7		
8		

2）分析回路的工作过程并将分析结果填入表 4-12。

表 4-12　结果记录表

动作顺序	电　磁　铁			油　流　情　况
	1YA	2YA	3YA	
一工进				进油路：
				回油路：
二工进				进油路：
				回油路：
退回				进油路：
				回油路：

3）选择好各元件，在试验台上连接好回路，开机试验，控制电磁铁得失电，调节调速阀 4 或 6，观察活塞运动速度变化情况。

4）经实训教师的检查评价后，关闭电源，折下管线和元件放回原来位置。

三、思考与练习

1. 图 4-10 所示回路中调速阀 4 的开度能否比调速阀的开度小？

2. 两调速阀并联如何实现速度换接，请画出回路图。

任务四　连接刀架转位液压传动系统

通过本任务的学习和训练要求达到如下知识、技能目标：

知识目标：

- 读懂刀架转位液压传动系统工作原理图。
- 理解各液压元件在系统中的作用。

技能目标：

- 会根据刀架转位工作原理图选择相应液压元件组装系统。
- 会调试各控制元件使执行元件运动的方向、压力、速度满足系统要求。
- 会分析系统中出现故障的原因并能正确解决故障。

一、识读刀架转位液压系统

如图 4-1 所示液压回路用来完成刀架转位动作。刀架的转位动作，是通过三位四通电磁换向阀控制液压马达实现的。即通过三位四通换向阀 3 的切换控制液压马达使刀盘正、反转，而两个单向调速阀 9 和 10 与变量液压泵 16，则使液压马达在正、反转时都能通过进油路容积节流调速来调节旋转速度。

1. 识读系统中元件并填写表 4-13。

表 4-13 结果记录表

编号	元件名称	作　用
9、10		
15		
16		
17		
3		
20		

2. 分析回路的工作过程并将分析结果填入表 4-14。

表 4-14 结果记录表

动作顺序	电　磁　铁		油　流　情　况
	Y7	Y8	
刀架正转			进油路：
			回油路：
刀架反转			进油路：
			回油路：

二、连接刀架转位液压回路

1. 根据所给系统图（如图4-1所示）中各元件的图形符号找出相应元件并进行良好固定。

2. 根据系统图进行液压回路和电气回路连接并对回路进行检查。

3. 打开电源，起动液压泵观察运行情况，对使用中遇到的问题进行分析和解决。

4. 改变电磁铁的得失电，观察刀架转位变化情况。

5. 经实训教师的检查评价后，关闭电源，拆下管线和元件放回原来位置。

6. 对训练过程中取得数据和现象进行分析总结得出结论。

三、思考与练习

1. 系统中的单向阀起什么作用？如将两个单向阀的进、出油口反接会出现什么情况。

2. 系统中的调速阀改为节流阀会有什么差别。

拓展训练：识读并连接差动连接回路

一、识读差动连接回路

图4-11所示为差动连接回路，该回路通过控制换向阀3通断电状态，实现单杆活塞缸的差动连接，满足执行机构快速进给的需要。

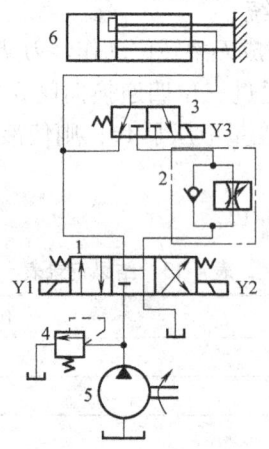

图4-11　差动连接回路

1）识读回路中的主要元件并填写表4-15。

表4-15　结果记录表

编号	元件名称	作用
1		
2		
3		
4		
5		
6		

2）分析执行元件分别实现快进、工进、快退、停止时，各电磁铁得失电状态及油流情况，并填写表4-16。

表4-16　结果记录表

动作顺序	电　磁　铁			油液流动情况
	Y1	Y2	Y3	
快进				进油路：
				回油路：
工进				进油路：
				回油路：
快退				进油路：
				回油路：
停止				进油路：
				回油路：

二、连接差动连接回路

1. 根据图4-11中各元件的图形符号找出相应元件并进行良好固定。

2. 根据图4-11进行液压回路和电气回路连接并对回路进行检查。

3. 打开电源，起动液压泵观察运行情况，对使用中遇到的问题进行分析和解决。

4. 改变电磁铁的得失电，观察活塞运行速度的变化情况。

5. 经实训教师的检查评价后，关闭电源，拆下管线和元件放回原来位置。

三、思考与练习

1. 在图4-11所示差动回路中液压缸工进速度能否调节？有哪个元件调节？

2. 在图4-11所示差动回路中液压缸停止时，液压泵处在什么状态？

识读并连接 MJ—50 数控车床液压传动系统

通过本项目对识读并连接 MJ—50 数控车床液压传动系统的学习和训练，要求达到如下知识和技能目标：

知识目标：

- 理解 MJ—50 数控车床液压传动系统的工作原理。
- 理解 MJ—50 数控车床液压传动系统中各液压元件在系统中的作用。

技能目标：

- 会根据 MJ—50 数控车床液压传动系统原理图选择各元件并组装系统。
- 会根据系统的需要调节各液压元件，以满足系统正常工作的需要。
- 会根据系统工作原理图分析系统在正常工作时出现的各种故障，以及能排除故障。

任务一 识读 MJ—50 数控车床液压传动系统

通过本任务对 MJ—50 数控车床液压传动系统的识读要求达到如下知识、技能目标：

知识目标：

- 读懂 MJ—50 数控车床液压传动系统工作原理图。
- 理解各液压元件在系统中的作用。

技能目标：

- 能分析系统的动作过程和各元件之间的关系。
- 会根据系统原理图对系统进行维护和保养。

相关知识：液压传动系统

一、阅读液压传动系统图的步骤

液压系统是根据液压设备的工作要求，选用各种不同功能的基本回路构成的。液压系统图表示了系统内所有液压元件的连接情况以及执行元件实现各种运动的工作原理。

对液压系统进行分析，最主要的就是阅读液压系统图。阅读一个复杂的液压系统图，大致可以按以下几个步骤进行：

1. 了解机械设备的功用、工况及其对液压系统的要求以及液压设备的工作循环。

2. 初步阅读液压系统图，了解系统中包含哪些元件，根据设备的工况及工作循环，将系统分解为若干个子系统。

3. 逐步分析各子系统，了解子系统中的组成情况和各个元件的功用以及各元件之间的相互关系。根据执行机构的动作要求，参照电磁铁动作顺序表，搞清楚各个行程的动作原理及油路的流动路线。

4. 根据系统中对各执行元件间的互锁、同步、防干扰等要求，分析各个子系统之间的联系以及如何实现这些要求。

5. 在全面读懂液压系统图的基础上，根据系统的性能，对系统做出综合分析，归纳总结出整个液压系统的特点，以加深对液压系统的理解，为液压系统的调整、维护、使用打下基础。

二、液压系统日常维护与保养

1. 液压系统的日常维护检查

液压传动系统发生故障前，往往都会出现一些小的异常现象，在使用中通过充分的日常维护、保养和检查就能够根据这些异常现象及早地发现和排除一些可能产生的故障，以达到尽量减少故障发生的目的。

日常检查的主要内容是检查液压泵起动前、后的状态以及停止运转前的状态。日常检查通常是用目视、听觉以及手触感觉等比较简单的方法。

（1）工作前的外观检查　最常见的液压油的泄漏，大量的液压油泄漏是很容易被发觉的，但在油管接头处少量的泄漏往往不易被人们发现，然而这种少量的泄漏现象却往往就是系统发生故障的先兆，如果发现软管和管道的接头因松动而产生少量泄漏时应立即将接头旋紧。例如液压缸活塞杆与机械部件连接处的螺纹松紧情况等。

（2）泵起动前的检查　液压泵起动前要注意油箱是否按规定加油，加油量以液位计上限为标准。用温度计测量油温，如果油温低于 10℃时应使系统在无负载状态下（使溢流阀处于卸荷状态）运转 20min 以上。

（3）泵起动和起动后的检查　液压泵在起动时用开开停停的方法进行起动，重复几次使油温上升，各执行装置运转灵活后再进入正常运转。在起动过程中如泵无输出应立即停止运动，检查原因，当泵起动后，还需做如下检查。

1）汽蚀检查。液压系统在进行工作时，必须观察油缸的活塞杆在运动时是否有跳动现象，在活塞全部外伸时有无泄漏，在重载时油泵和溢流阀有无异常噪声，如果噪声很大，则为检查汽蚀最理想的时候。液压系统产生汽蚀的主要原因是；在油泵的吸油部分有空气吸入，为了杜绝汽蚀现象，必须把油泵吸油管处所有的接头都旋紧，确保吸油管路的密封，如果在这些接头都旋紧的情况下仍不能清除噪声，就需要立即停机做进一步检查，及时更换不良密封件。

2）过热的检查。油泵发生故障的另一个症状是过热，汽蚀会产生过热，因为油泵热到某一温度时，会压缩油液空穴中的气体而产生过热现象。如果发现因汽蚀造成的过热，应立即停车进行检查。

3）气泡的检查。如果油泵的吸油侧漏入空气，这些空气就会进入系统并在油箱内形成气泡。液压系统内存在气泡将产生三个问题：一是造成执行元件运动不平稳，影响液压油的体积弹性模量；二是加速液压油的氧化；三是产生汽蚀现象，所以要特别防止空气进入液压系统。有时空气也可能从油箱渗入液压系统，所以要经常检查油箱中液压油的油面高度是否符合规定要求，吸油管的管口是否浸没在油面以下，并保持足够的浸没深度。实践经验证明：回油管的油口应保证低于油箱中最低油面高度以下 10cm 左右。

在系统稳定工作时，除随时注意油量、油温、压力等问题外，还要检查执行元件、控制元件的工作情况，注意整个系统的漏油和振动。系统经过使用一段时间后，如出现不良或产生异常现象，用外部调整的办法不能排除时，可进行分解修理或更换配件。

2. 液压系统的使用保养

使用者应明白液压系统的工作原理，熟悉各种操作和调整手柄的位置及旋向等。在此基础上应具体做好以下工作：

1）开机前应检查系统上各调整手柄、手轮是否被无关人员动过，电气开关和行程开关的位置是否正常，主机上工具的安装是否正确和牢固等，再对导轨和活塞杆的外露部分进行擦拭，而后才可开车。

2）开机时，首先起动控制油路的液压泵，无专用的控制油路液压泵时，可直接起动主液压泵。

3）液压油要定期检查、更换，对于新投入使用的液压设备，使用 3 个月左右即应清洗油箱，更换新油。以后每隔半年至 1 年进行一次清洗和换油。

4）工作中应随时注意油液温升，正常工作时，油箱中油液温度应不超过 60℃。油温过高时应设法冷却，并使用粘度较高的液压油。温度过低时，应进行预热，或在连续运转前进行间歇运转，使油温逐步升高后，再进入正式工作运转状态。

5）检查油面，保证系统有足够的油量。

6）有排气装置的系统应进行排气，无排气装置的系统应往复运转多次，使之自然排出气体。

7）油箱应加盖密封，油箱上面的通气孔处应设置空气过滤器，防止污物和水分的侵入。加油时应进行过滤，使油液清洁。

8）系统中应根据需要配置粗、精过滤器，对过滤器应经常地检查、清洗和更换。

9）对压力控制元件的调整，一般首先调整系统压力控制阀——溢流阀，从压力为零时开调，逐步提高压力，使之达到规定压力值；然后依次调整各回路的压力控制阀。

10）流量控制阀要从小流量调到大流量，并且应逐步调整。同步运动执行元件的流量控制阀应同时调整，要保证运动的平稳性。

技能训练：识读 MJ—50 数控车床液压传动系统

一、训练目的

1. 通过识读 MJ—50 数控车床液压传动系统，加深学生对液压元件的理解。

2. 通过识读 MJ—50 数控车床液压传动系统，使学生掌握液压系统阅读的方法。

二、识读 MJ—50 数控车床液压传动系统

1. 对照模块一图分析系统图，进一步理解 MJ—50 数控车床的工作过程及技术要求。

MJ—50 数控车床主要承担卡盘、回转刀架与刀盘及尾座套筒的驱动与控制。它能实现卡盘的夹紧与放松及两种夹紧力（高与低）之间的转换；回转刀盘的正反转及刀盘的松开与夹紧；尾架套筒的伸缩。液压系统的所有电磁铁的通、断均由数控系统用 PLC 来控制。整个系统由卡盘、回转刀盘与尾架套筒三个分系统组成，并以一变量液压泵为动力源。系统的压力调定为 4MPa。

2. 根据工作要求填写各电磁铁得失电动作表 5-1。

表 5-1 结果记录表

电磁铁 动作			Y1	Y2	Y3	Y4	Y4	Y5	Y6	Y7	Y8
卡盘	低压	夹紧									
		松开									
	高压	夹紧									
		松开									
回转刀架		正转									
		反转									
刀架刀盘		夹紧									
		松开									
尾座套筒		伸出									
		退回									

任务二 连接 MJ—50 数控车床液压传动系统

通过本任务对连接 MJ—50 数控车床液压传动系统的学习和训练要达到如下知识和技能目标：

知识目标：

- 掌握液压传动系统的安装方法。
- 掌握 MJ—50 数控车床液压传动系统的调试方法。

技能目标：

- 会根据液压传动系统图选择各元件并组装系统。
- 会根据液压传动系统图分析和排除系统出现的故障。

相关知识：液压系统

一、液压系统安装时的注意事项

安装调试一台新的液压设备，一般应注意下列事项：

1）安装装配时，对装入主机的液压件和辅件必须严格清洗，去除有害于工作液的防锈剂和一切污物。液压件和管道各油口所有的堵头、塑料塞子、管堵等随着工程的进展逐渐拆除，而不要先行卸掉，防止污物从油口进入元件内部。

2）必须保证油箱的内外表面、主机的各配合表面及其他可见组成元件是清洁的。

3）与工作液接触的元件外露部分（如活塞杆）应予以保护，以防污物进入。

4）油箱盖、管口和空气滤清器须充分密封，以保证未被过滤的杂质不进入液压系统。

5）在油箱上或近油箱处，提供说明油品类型及系统容量的铭牌。

6）将设备指定的工作液过滤到要求的清洁度标准，然后方可进入系统。

7）液压装置与工作机构连接在一起，才能完成预定的动作，因此要注意二者之间的连接装配质量（如同心度、相对位置、受力状况、固定方式及密封好坏等）。

液压系统中的辅助元件，包括管路及管接头、滤油器、油冷却器、密封、蓄能器及仪表等的安装好坏也会严重影响到液压系统的正常工作，不容许有丝毫的疏忽。特别是管路的安装质量直接影响到漏油、漏气、振动、噪声以及压力损失的大小，并由此会产生多种故障。管路的安装应注意下列事项：

1）油管长度要适宜。施工中可先用铁丝比划弯成所需形状，再展直决定出油管长度。完全按设计度往往长度不一定十分准确。

2）在满足连接的前提下，管道尽可能短，避免急拐弯，拐弯的位置越少越好，以减少压力损失。

3）平行及交叉的管道间距至少在10mm以上，防止相互干扰及振动引起管道的相互敲击擦碰。

4）油管可用冷弯（铜管），也可用热弯（钢管）。热弯弯好的管子应将管内氧化皮去掉。

5）吸油管宜短、宜粗些，一般吸油管口都装有滤油器，滤油器必须至少在油面以下200mm。对于柱塞泵的进油管，推荐管口不装滤油器，可将管口处切成45°斜面，斜面孔朝向箱壁，这样可增大通流面积降低流速并防止杂物吸入油泵。

6）液压系统的回油管应尽量远离吸油管并应插入油箱油面之下，以防止回油飞溅而产生气泡并很快被吸入泵内。回油管管口应切成45°斜面以扩大通流面积、改善回油流动状态以及防止空气反灌入系统内。

7）溢流阀的回油为热油，应远离吸油管，这样可避免热油未经冷却又被泵吸入系统，造成升温。

二、液压系统造成故障的原因

液压系统的故障是多种多样的，虽然控制油液免受污染和及时维护检查可以减少故障的发生，但并不能完全杜绝故障。一般来说，造成故障的原因主要有以下几种：

1）由于液压油和液压元件使用或维护不当，使液压元件的性能变坏、损坏、失灵而引起的故障。

2）装配、调整不当而引起的故障。

3）由于设备年久失修、零件磨损、精度超差或元件制造误差而引起的故障。

4）也有一些故障是由元件选用和回路设计不当所致。前几种故障可以通过修理或调整的方法来加以解决，而这种故障必须根据实际情况，弄清原因后进行改进。

三、液压系统常见故障及排除方法（见表5-2）

表5-2　液压系统常见故障及排除方法

故障现象	产 生 原 因	排 除 方 法
系统无压力或压力不足	1. 溢流阀开启，由于阀芯被卡住，不能关闭，阻尼孔堵塞，阀芯与阀座配合不好或弹簧失效 2. 其他控制阀阀芯由于故障卡住，引起卸荷 3. 液压元件磨损严重或密封损坏，造成内、外泄漏 4. 液位过低，吸油堵塞或油温过高 5. 泵转向错误，转速过低或动力不足	1. 修研阀芯与阀体，清洗阻尼孔，更换弹簧 2. 找出故障部位，清洗或研修，使阀芯在阀体内能够灵活运动 3. 检查泵、阀及管路各连接处的密封性，修理或更换零件和密封件 4. 加油，清洗吸油管路或冷却系统 5. 检查动力源
流量不足	1. 油箱液位过低，油液粘度较大，过滤器堵塞引起吸油阻力过大 2. 液压泵转向错误，转速过低或空转磨损严重，性能下降 3. 管路密封不严，空气进入 4. 蓄能器漏气，压力及流量供应不足 5. 其他液压元件及密封件损坏引起泄漏 6. 控制阀动作不灵	1. 检查液位，补油，更换粘度适宜的液压油，保证吸油管直径足够大 2. 检查原动机、液压泵及变量机构，必要时换液压泵 3. 检查管路连接及密封是否正确可靠 4. 检修蓄能器 5. 修理或更换 6. 调整或更换
泄漏	1. 管接头松动，密封坏 2. 阀与阀板之间的连接不好或密封件损坏 3. 系统压力长时间大于液压元件或附件的额定工作压力，使密封件损坏 4. 相对运动零件磨损严重，间隙过大	1. 拧紧接头，更换密封 2. 加大阀与阀板之间的连接力度，更换密封 3. 限定系统压力，或更换许用压力较高的密封件 4. 更换磨损零件，减小配合间隙
过热	1. 冷却器通过能力小或出现故障 2. 油箱容量小或散热性差 3. 压力调整不当，长期在高压下工作 4. 管路过细且弯曲，造成压力损失增大，引起发热 5. 环境温度较高	1. 排除故障或更换冷却器 2. 增大油箱容量，增设冷却装置 3. 限定系统压力，必要时改进设计 4. 加大管径，缩短管路，使油液流动通畅 5. 改善环境，隔绝热源
冲击	1. 蓄能器充气压力不够 2. 工作压力过高 3. 先导阀、换向阀制动不灵及节流缓冲慢 4. 液压缸端部无缓冲装置 5. 溢流阀故障使压力突然升高 6. 系统中有大量空气	1. 给蓄能器充气 2. 调整压力至规定值 3. 减少制动锥的斜角或增加制动锥长度，修复节流缓冲装置 4. 增设缓冲装置或背压阀 5. 修理或更换 6. 排除空气
振动	1. 液压泵：密封不严吸入空气，安装位置过高，吸油阻力大，齿轮齿形精度不够，叶片卡死断裂，柱塞卡死移动不灵活，零件磨损使间隙过大 2. 液压油：液位太低，吸油管插入液面深度不够，油液粘度太大，过滤器堵塞 3. 溢流阀：阻尼孔堵塞，阀芯与阀体配合间隙过大，弹簧失效 4. 其他阀芯移动不灵活 5. 管道：管道细长，没有固定装置，互相碰撞，吸油管与回油管太近 6. 电磁铁：电磁铁连接不良，弹簧过硬或损坏，阀芯在阀体内卡住 7. 机械：液压泵与电动机联轴器不同轴或松动，运动部件停止时有冲击换向时无阻尼，电动机振动	1. 更换吸油口密封，吸油管口至泵进油口高度要小于500mm，保证吸油管直径，修复或更换损坏的零件 2. 加油，增加吸油管长度到规定液面深度，更换合适粘度的液压油，清洗过滤器 3. 清洗阻尼孔，修配阀芯与阀体的间隙，更换弹簧 4. 清洗，去毛刺 5. 设置固定装置，扩大管道间距及吸油管和回油管间距离 6. 重新连接，更换弹簧，清洗及研配阀芯和阀体 7. 保持泵与电动机轴的同心度不大于0.1mm，采用弹性联轴器，紧固螺钉，设置阻尼或缓冲装置，电动机作平衡处理

技能训练：MJ—50 数控车床液压传动系统连接

一、训练目的

1. 进一步熟练液压系统回路的连接步骤及方法，各元件的调节要求等。

2. 会根据系统图调试各元件,使系统能正常工作。

3. 会分析和排除系统在工作过程中出现的各种故障。

二、实训系统图

系统图如图5-1所示。

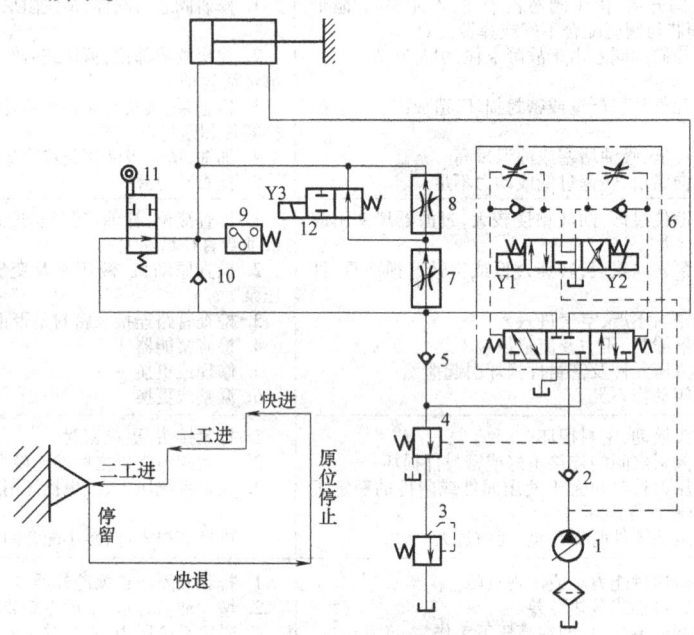

图5-1　YT4543动力滑台液压系统原理图

三、训练步骤

1. 按图1将4个分系统先连接好,后组合成MJ—50数控车床液压传动系统并仔细检查回路连接情况。

2. 打开电源,起动液压泵观察运行情况,对使用中遇到的问题进行分析和解决。

3. 根据工况要求,改变电磁铁的得失电并调节单向调速阀,分别观察分系统的动作情况是否正确,速度调节是否正常等。

4. 根据系统实际情况,查找故障并排除。

5. 经实训教师的检查评价后,关闭电源,拆下管线和元件放回原来位置。

四、训练与思考

1. 根据训练填写表5-3。

表5-3　结果记录表

故障现象	产生原因	排除方法
卡盘夹紧力不够,夹不紧工件		
刀架转速太快		
套筒只能伸出不能退回		
系统发热,油温过高		

2. MJ—50数控车床液压传动系统由哪些液压基本回路组成?

3. 液压系统常见故障有哪些?

4. 在安装管路时应注意哪些事项?

拓展训练：识读并连接 YT4543 动力滑台液压系统

一、识读 YT4543 动力滑台液压系统图（如图 5-1 所示）

1. 识读回路中的主要元件并填写表 5-4。

表 5-4 结果记录表

编 号	元 件 名 称	作 用
1		
2		
3		
4		
5		
6		
7		
8		
9		
10		
11		
12		

2. 分析执行元件分别实现快进、一工进、二工进、停留、快退、原位停止时，各电磁铁得失电、压力继电器、行程阀的状态及油流情况，并填写表 5-5。

表 5-5 结果记录表

动作顺序	电磁铁			压力继电器	行程阀	油液流动情况
	Y1	Y2	Y3			
快进						进油路：
						回油路：
一工进						进油路：
						回油路：
二工进						进油路：
						回油路：
停留						进油路：
						回油路：
快退						进油路：
						回油路：
原位停止						

二、连接动力滑台液压回路

1. 根据图 5-1 中各元件的图形符号找出相应元件并进行良好固定。

2. 根据图 5-1 所示进行液压回路和电气回路的连接并对回路进行检查。

3. 打开电源，起动液压泵观察运行情况，对使用中遇到的问题进行分析和解决。

4. 改变电磁铁的得失电，观察活塞运行速度的变化情况。

5. 经实训教师的检查评价后，关闭电源，拆下管线和元件放回原来位置。

三、思考与练习

分析 YT4543 动力滑台该液压系统特点。

模块二
H400加工中心气压传动系统的组装

　　本模块通过对 H400 加工中心气压传动系统（模块二图）的学习及训练，要求达到如下知识、技能目标：

知识目标：

- 熟悉气动元件的作用、分类、特点和气压传动的基本知识。
- 熟悉气动系统的正确识读方法。
- 熟悉气动系统的使用维护。
- 熟悉气动系统的常见故障及产生原因。

技能目标：

- 具有正确使用和选择各种气动元件并能组装项目系统的能力。
- 具有正确调节各种气动元件并能调试项目系统的能力。
- 具有正确分析、判断气动系统中的常见故障。
- 具有动手排除气压系统中的常见故障的能力。

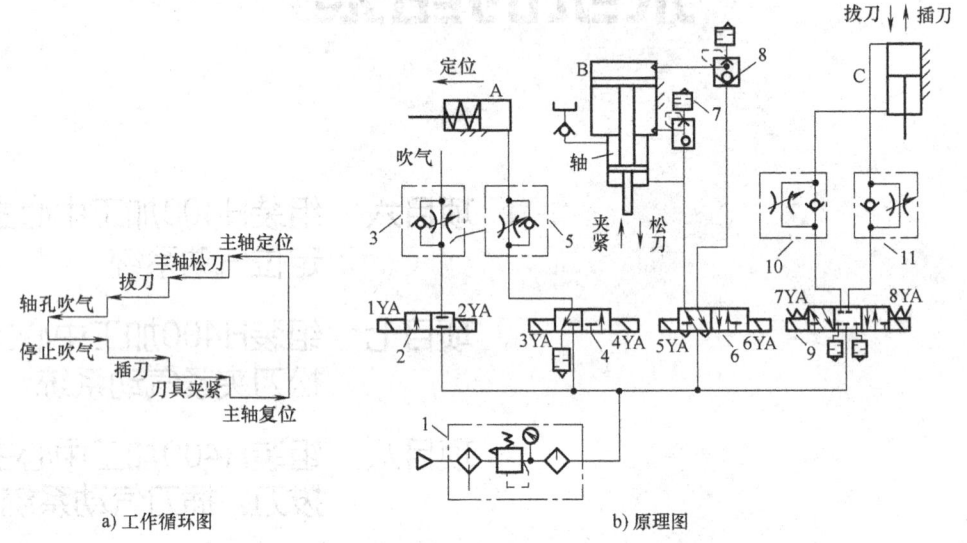

a) 工作循环图　　　　　　　　　　　　　　　　b) 原理图

模块二图　H400 加工中心换刀气压传动系统图

1—气动三联件　2—两位两通电磁换向阀　3、5、10、11—单向节流阀　4—两位
三通电磁换向阀　6、9—两位五通电磁换向阀　7—消声器　8—快速排气阀

项目六

组装 H400 加工中心主轴
定位气动系统

本项目通过对组装 H400 加工中心主轴定位气动系统（如图 6-1 所示）的学习，达到如下知识、技能目标：

知识目标：

- 理解 H400 加工中心主轴定位气动系统的作用和工作原理。
- 理解气动动力元件在气动系统中的作用。
- 理解气动辅助元件在气动系统中的作用。

技能目标：

- 具有安装连接气动动力元件的能力。
- 具有安装连接气动辅助元件的能力。

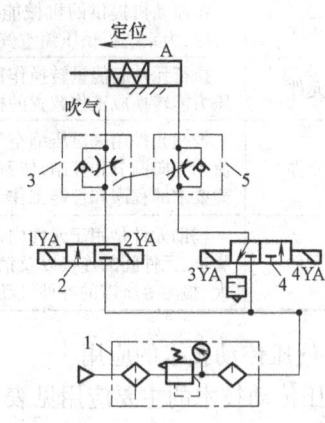

图 6-1　H400 加工中心主轴定位气动系统
1—气动三联件　2—两位两通电磁换向阀
3、5—单向节流阀　4—两位三通电磁换向阀

任务一　认识气压传动的基础知识和气动动力元件

通过本任务对气压传动基础知识的学习，达到如下知识、技能目标：

知识目标：

- 理解气压传动的组成和工作原理。
- 理解气源装置的组成。

技能目标：

- 具有根据系统要求选用和安装气源装置的能力。

相关知识：气动动力元件

一、气压传动的基础知识

气压传动是以压缩空气为工作介质来进行能量与信号的传递，实现各种生产过程、自动控制的一门技术。近几十年来，气压传动技术在促进设备自动化的发展中起到了极为重要的作用。

1. 气压传动的工作原理和组成

以 H400 加工中心主轴定位的气压传动系统为例，介绍气压传动的工作原理。空气压缩机产生的压缩空气经后冷却器、分水排水器、气罐、减压阀、油雾器、到达换向阀，换向阀换向后压缩空气经换向阀进入气缸的右腔，而气缸的左腔与大气相通，故气缸活塞完成向左的定位动作。

在气压传动系统中，根据气动元件和装置的不同功能，可将气压传动系统分成以下 4 个组成部分，见表 6-1。

表 6-1　气压系统的组成部分及其作用和特点

组成部分	在气动系统中的作用	特　点
动力元件	将原动机提供的机械能转变为气体的压力能，为系统提供压缩空气	它主要由空气压缩机构成，还配有气罐、气源净化处理装置等附属设备
执行元件	执行元件起能量转换作用，把压缩空气的压力能转换成工作装置的机械能	主要形式有气缸输出直线往复式机械能、摆动气缸和气马达分别输出回转摆动式和旋转式的机械能
控制元件	控制元件用来对压缩空气的压力、流量和流动方向调节和控制，使系统执行机构按功能要求的程序和性能工作	根据完成功能不同，控制元件种类有很多种，气压传动系统中一般包括压力、流量、方向和逻辑等 4 大类控制元件
辅助元件	辅助元件是用于元件内部润滑、降低排气噪声、元件间的连接以及信号转换、显示、放大、检测等所需的各种气动元件	主要有：油雾器、消声器、管件及管接头、转换器、显示器、传感器等

2. 气压传动技术的应用

气压传动技术的主要应用见表 6-2。

表 6-2　气压传动技术的主要应用

气压传动技术的主要应用	作　用
机械制造业	包括机械加工生产线上工件的装夹及搬送，铸造生产线上的造型、捣固、合箱等。在汽车制造中，汽车自动化生产线、车体部件自动搬运与固定、自动焊接等
电子 IC 及电器行业	如用于硅片的搬运，元器件的插装与锡焊，家用电器的组装等
石油、化工业	用管道输送介质的自动化流程，如石油提炼加工、气体加工、化肥生产等
轻工食品包装业	包括各种半自动或全自动包装生产线，例如：酒类、油类、煤气罐装，各种食品的包装等
机器人	例如装配机器人，喷漆机器人，搬运机器人以及焊接机器人等

二、气动动力元件

压缩空气由空气压缩机产生，具有一定压力和流量，同时也含有一定的水分、油分和灰尘。要满足气动系统对空气质量的要求，还必须对压缩空气进行降温、净化和稳压等一系列处理，才能供给控制元件及执行元件使用。气动动力元件一般由三部分组成，如图 6-2 所示。

（1）产生压缩空气的气压发生装置　如空气压缩机 5。

（2）净化压缩空气的辅助装置和设备　如过滤器、分水排水器、干燥器等。

（3）输送压缩空气的供气管道系统。

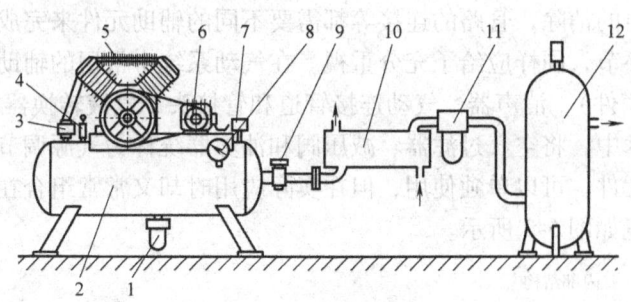

图 6-2　气动动力元件

1—自动排水器　2—小气罐　3—单向阀　4—安全阀　5—空气压缩机　6—电动机　7—压力计开关
8—压力计　9—截止阀　10—后冷却器　11—分水排水器　12—气罐

气动动力元件的组成及其作用见表 6-3。

表 6-3　气动动力元件的组成及其作用

气动动力元件的组成	在气动系统中的作用
空气压缩机	将原动机(电动机)提供的机械能转换成气体压力能的一种能量转换装置,即气压发生装置,它为气动装置提供具有一定压力和流量的压缩空气
后冷却器	用于将空气压缩机排出的气体冷却并除去水分。后冷却器安装在空气压缩机的出口,它的作用是将空气压缩机产生的高温压缩空气由 120~170℃ 降低到 40~50℃,使压缩空气中的油雾和水气达到饱和,使其大部分析出并凝结成油滴和水滴分离出来,以便将其清除,达到初步净化压缩空气的目的
分水排水器	用于分离并排出压缩空气中凝聚的油分、水分和灰尘等杂质,初步净化压缩空气
气罐	储存一定数量的压缩空气;消除压力脉动(由于空气压缩机断续排气而引起),保证输出气流的连续性;调节用气量或以备发生故障和临时需要应急使用;进一步分离压力空气中的水分和油分
干燥器	用于除去压缩空气中的水分,得到干燥空气。压缩空气中的水分,除了会对气动元件和配管产生腐蚀外,对油漆、电镀和塑料制品表面的变质,气泡的产生,润滑油的稀释,化学药品和食品的污染等也有很大的影响

任务二　认识气动辅助元件

本任务通过对气动辅助元件的学习,达到如下知识、技能目标:

知识目标:

- 理解气动辅助元件在气动系统中的作用。
- 理解气动辅助元件的工作原理。

技能目标:

- 会根据系统正确选用气动辅助元件。
- 会根据气动系统图正确安装气动辅助元件。

相关知识:气动辅助元件

气动系统中除压缩空气的净化设备外,气动元件的润滑,气压信号的放大、延时、转换、显示，气动噪声的消除，管路的连接等都需要不同的辅助元件来完成，这些辅助元件是气动系统中的必要环节，同样应给予充分重视。在气动系统中常用的辅助元件有：气源调节装置（也称气动三联件）、消声器、气动连接管道和管接头、气液转换器等。

其中在气动技术中，将空气过滤器、减压阀和油雾器统称为气源调节装置，它们虽然都是独立的气源处理元件，可以单独使用，但在实际应用时却又常常组合在一起作为一个组件使用，气源调节装置如图6-3所示。

内部结构

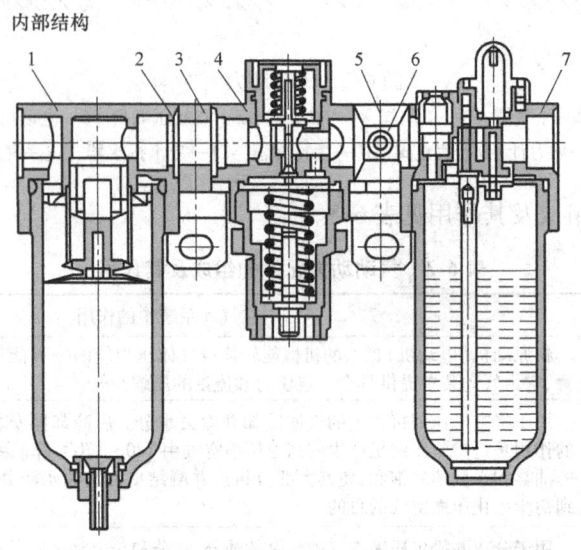

图6-3　气源调节装置

1—过滤器组件　2—连接片　3—固定支架　4—调整阀组件
5—支架固定片　6—内六角螺栓　7—给油器组件

其工作原理是：压缩空气首先进入空气过滤器，经除水滤灰净化后进入减压阀，经减压后控制气体的压力以满足气动系统的要求，输出的稳压气体最后进入油雾器，将润滑油雾化后混入压缩空气一起输往气动装置。

其他的辅助元件见表6-4。

表6-4　部分气动辅助元件

元件名称	作　用	选用方法	安装方法
空气过滤器	可以分离来自压缩机的油雾	通过计算知道气动系统的流量，根据气动设备的精度知道其过滤度，然后查找相关的空气过滤器的产品样本，最后定下所需的空气过滤器的型号规格	安装空气过滤器时一定要垂直安装，并将放水阀朝下，壳体上箭头所示方向为气流方向，空气过滤器可单独使用，但大多数情况下与减压阀、油雾器组合使用，当组合使用时，其安装次序从进气方向起先是空气过滤器，其次是减压阀，最后是油雾器
油雾器	油雾器是一种特殊的注油装置。其作用是使润滑油雾化后注入空气流中，随着空气流动进入需要润滑的部件，达到润滑的目的	油雾器的选择主要根据气压传动系统所需额定流量及油雾粒径大小来进行	油雾器应垂直安装，且其上箭头方向即为空气流动方向

（续）

元件名称	作　用	选用方法	安装方法
消声器	消声器就是通过对气流的阻尼或增加排气面积等方法，来降低排气速度和排气功率，从而达到降低噪声的目的	消声器一般选用吸收型，因为其结构简单，有良好的消除中、高频噪声的性能，消声效果大于 20db	消声器一般安装在气动系统的排气口，尤其在换向阀的排气口，通过装设消声器来降低排气噪声
气动管道、气动管接头	气动管道是指气动装置中各种元件之间的输气管道。其主要作用是通过管接头把起动元件连接起来，组成一个完整的系统	在选用气动管道时，首先要通过计算知道系统的压力而确定管道的相应材料。然后根据系统流量大小而确定管道的内径	安装前要检查管道内壁是否光滑，并进行除锈和清洗；管道支架要牢固，工作时不得产生振动；管道焊接应符合规定标准的要求；管路系统中任何一段管道均可自由拆装；管道安装的倾斜度、弯曲半径、间距和坡度均要符合有关规定
气液转换器	气液转换器是将气压直接转换为液压油压的一种气液转换元件	选用气-液转换器，其有效容积要与气缸匹配，通过查找相关的设计手册或产品样本，从而确定气-液转换器的型号、规格	气-液转换器需垂直安装，并注意油面最低高度，同时必须排除气缸进出油腔一端的空气，装配管路、接头需排除赃物，又要注意密封，尤其油孔端不能进入空气，管路安装后可用压缩空气试验是否漏气

技能训练：连接 H400 加工中心主轴定位复位气动系统

一、训练目的

1. 通过系统连接训练，使学生增加对气动动力元件的认识。

2. 通过系统连接训练，使学生增加对气动辅助元件的认识。

二、实训系统图（如图 6-1 所示）

三、训练步骤

1. 根据系统原理图找到气源调节装置、两位两通换向阀、单向节流阀、气缸等气动元件。

2. 根据系统原理图把所有气动元件用塑料管道连接起来，并实现动作。

3. 经实训教师的检查评价后，关闭电源，拆下管线和元件放回原来位置。

四、训练思考

1. 分析 H400 加工中心主轴定位复位气动系统的工作原理。

2. 说出图 6-1 中标号 1 的工作原理和在系统中的作用。

组装 H400 加工中心主轴松刀夹紧气动系统

本项目通过对组装 H400 主轴加工中心松刀夹紧气动系统（如图 7-1 所示）的学习，达到如下知识、技能目标：

知识目标：

● 理解 H400 主轴松刀夹紧气动系统的工作原理。

● 理解 H400 主轴松刀夹紧气动系统中各元件在系统中的作用。

技能目标：

● 具有根据 H400 主轴松刀夹紧气动系统原理图选择各元件并组装系统的能力。

● 具有根据系统的需要调节各气动控制元件，以满足系统正常工作需要的能力。

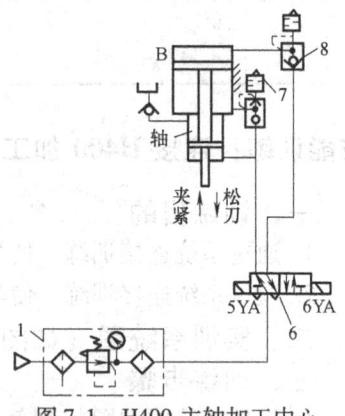

图 7-1　H400 主轴加工中心
松刀夹紧气动系统
1—气动三联件　6—换向阀
7—消声器　8—单向阀

任务一　认识气动执行元件

通过本任务对气动执行元件的学习，达到如下知识、技能目标：

知识目标：

● 理解气动执行元件在系统中的作用和工作原理。

● 理解气缸的组成部分。

技能目标：

● 具有根据系统需求选择不同规格气缸的能力。

● 具有根据系统的需求选择不同规格气马达的能力。

相关知识：气动执行元件

气动执行元件是一种能量转换装置，它是将压缩空气的压力能转化为机械能，驱动机构实现直线往复运动、摆动、旋转运动或冲击动作。气动执行元件分为气缸和气马达两大类。

一、气缸

气缸是把压缩空气的压力能转换成直线往复运动或往复摆动的机械能的装置。

1. 气缸的分类

气缸的种类很多，一般按气缸的结构特征、功能、运动形式或安装方法等进行分类。按结构特征分类，可分为活塞式气缸和膜片式气缸两种。按功能分类，可分为普通气缸和特殊气缸，其中普通气缸包括单作用气缸和双作用气缸，特殊气缸包括气-液阻尼缸、冲击气缸等。按运动形式分类，可分为直线运动气缸和摆动气缸两类。按安装方法分类，可分为耳座式、法兰式、轴销式和凸缘式。

2. 气缸的典型结构和工作原理

以气动系统中最常使用的单活塞杆双作用气缸为例来说明，其结构如图 7-2 所示。双作用气缸内部被活塞分成两个腔。有活塞杆腔称为有杆腔，无活塞杆腔称为无杆腔。

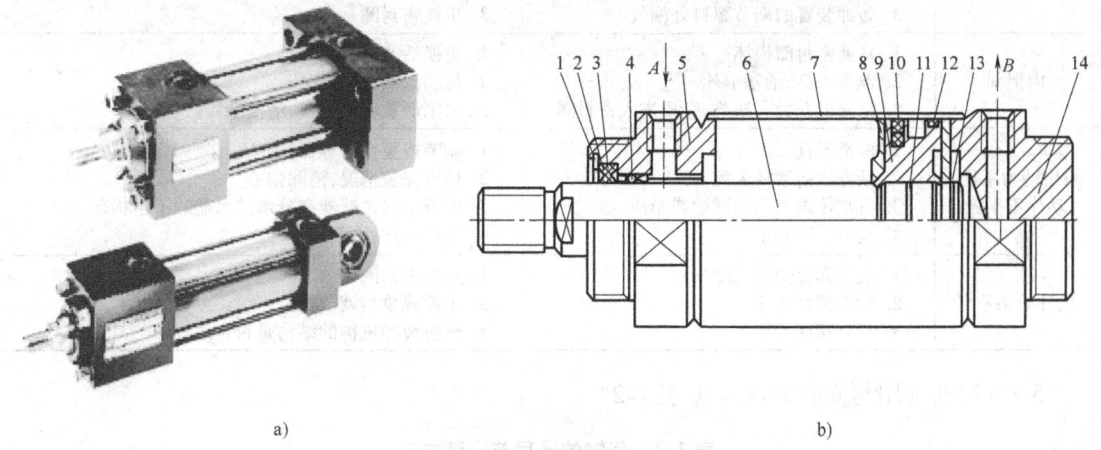

a) b)

图 7-2 普通双作用气缸

a）外形 b）结构

1、13—弹簧挡圈 2—防尘圈压板 3—防尘圈 4—导向套 5—有杆侧缸盖 6—活塞杆
7—缸筒 8—缓冲垫 9—活塞 10—活塞密封圈 11—密封圈 12—耐磨环 14—无杆侧缸盖

当从无杆腔输入压缩空气时，有杆腔排气，气缸两腔的压力差作用在活塞上所形成的力克服负载推动活塞运动，使活塞杆伸出；当有杆腔进气，无杆腔排气时，使活塞杆缩回。有杆腔和无杆腔交替进气和排气，活塞实现往复直线运动。缸筒 7 与前后缸盖固定连接。有杆侧缸盖 5 为前缸盖，无杆侧缸盖 14 为后缸盖。在缸盖上开有进排气通口，有的还设有气缓冲机构。前缸盖上，设有防尘圈 3，同时还设有导向套 4，以提高气缸的导向精度。活塞杆 6 与活塞 9 紧固相连。活塞上除有密封圈 10、11 防止活塞左右两腔相互漏气外，还有耐磨环 12 以提高气缸的导向性；带磁性开关的气缸，活塞上装有磁环。活塞两侧常装有橡胶垫作为缓冲垫 8。如果是气缓冲，则活塞两侧沿轴线方向设有缓冲柱塞，同时缸盖上有缓冲节流阀和缓冲套，当气缸运动到端头时，缓冲柱塞进入缓冲套，气缸排气需经缓冲节流阀，排气阻力增加，产生排气背压，形成缓冲气垫，起到缓冲作用。

3. 气缸的日常维护与保养

在日常使用中应定期检查气缸各部位有无异常现象，发现问题及时处理。

1）检查各连接部位有无松动等，轴销式安装的气缸等活动部位应定期加润滑油。

2）气缸正常工作条件：工作压力 0.4～0.6MPa，普通气缸运动速度范围 50～500mm/s，环境温度 5～60℃。在低温下，需采用防冻措施，防止系统中的水分冻结。

3）气缸检修后，重新装配时，零件必须清洗干净，不得将赃物带入气缸内。须防止密封件被剪切、损坏，注意动密封的安装方向。

4）气缸拆下的零部件长时间不使用时，所有加工表面应涂防锈油，进排气口应加防尘堵塞。

4. 气缸常见故障、原因与排除方法（见表7-1）

表 7-1　气缸常见故障、原因与排除方法

故障现象	产 生 原 因	排 除 方 法
外泄漏	1. 活塞杆与密封衬套间漏气 2. 气缸缸体与端盖间漏气 3. 缓冲装置的调节螺钉处漏气	1. 更换衬套密封圈 2. 除去杂质、安装防尘盖 3. 更换密封圈
内泄漏	1. 活塞密封圈损坏 2. 润滑不良，活塞卡死 3. 活塞配合面有缺陷，杂质进入密封圈	1. 更换活塞密封圈 2. 加润滑油，重新安装 3. 缺陷严重者需更换，清洗杂质
输出动力不足，动作不平稳	1. 润滑不良 2. 活塞或活塞杆卡死 3. 气缸体内表面有锈蚀或杂质 4. 进入了冷凝水	1. 调节或更换油雾器 2. 检查安装情况，消除偏心 3. 检查空气过滤器和分水排水器的工作状态 4. 清洗气缸，重新安装
缓冲效果不好	1. 缓冲部分的密封圈损坏 2. 调节螺钉损坏 3. 气缸速度太快	1. 更换密封圈 2. 更换或重新调节螺钉 3. 分析缓冲机构的结构是否合适

5. 气缸的选用与安装方法（见表7-2）

表 7-2　气缸的选用与安装方法

选 用 方 法	安 装 方 法
（1）安装形式　由安装位置、使用目的等因素决定。在一般场合下，多用固定式气缸。在需要随同工作机连续回转时（如车床、磨床等），应选用回转气缸 （2）气缸内径　根据负载确定活塞杆上的推力和拉力。一般应根据工作条件的不同，将计算所需的作用力再乘上 1.15～2 的备用系数，以此作为选择和确定气缸内径的依据 （3）气缸行程　与使用场合和机构的行程比有关，并受加工和结构的限制。通常应在保证工作要求的前提下，留出一定的行程余量（通常为 30～100mm） （4）排气口、管路内径及相关形式　排气口、管路内径及气路结构直接影响气缸的运动速度。如果要求活塞高速运动，应选用内径较大的排气口，还可采用快速排气阀；如果要求活塞作缓慢、平稳的运动，可选用带节流装置的气缸或气-液阻尼缸；如果要求活塞在行程末端运动平稳，则宜选用带缓冲装置的气缸	（1）固定式气缸　气缸安装在机体上固定不动，有脚座式和法兰式 （2）轴销式气缸　缸体围绕固定轴可作一定角度的摆动，有 U 形钩式和耳轴式 （3）回转式气缸　缸体固定在机床主轴上，可随机床主轴作高速旋转运动。这种气缸常用于机床上的气动卡盘中，以实现工件的自动装卡 （4）嵌入式气缸　气缸缸筒直接制作在夹具体内 安装气缸时应注意：根据现场的需要选择不同的气缸安装方式，在安装前应在 1.5 倍工作压力下进行试验，不应漏气；装配时所有密封件的相对运动工作表面应涂上润滑脂；安装时要注意动作方向，活塞杆不允许承受偏心负载或横向负载；不要将行程用满，以免活塞和缸盖频繁撞击

二、气马达

气马达是将压缩空气的压力能量转换成旋转运动的机械能的能量转换装置。气马达与和它起同样作用的电动机相比，特点是壳体轻、输送方便，又因其工作介质是空气，不必担心引起火灾。气马达过载时能自动停转，而与供给压力保持平衡状态。气动马达转动后，阻力减小，阻力变化往往具有很大柔性。因此气马达广泛应用于矿山机械和气动工具等场合。

1. 气马达的分类

常用的气马达有叶片式和活塞式两种，此外还有涡轮式气马达。上述三种气马达如图 7-3 所示。

2. 气马达的工作原理

图 7-3a 所示为叶片式气马达的结构和工作原理。叶片式气马达中叶片数目一般在 3～10 片，安装在一个与定子偏心的转子径向沟槽中，当压缩空气从 A 口进入后，分两路：一路进入叶片底部槽中，会使叶片从径向沟槽中伸出；另一路进入定子腔，转子周围径向分布的叶片由于偏心，伸出的长度不同而受力不一样，产生旋转力矩，叶片带动转子按逆时针方向旋转。废气从排气口 C 排出，剩余气体则经 B 口排除。如需改变马达旋转方向，则只需改变进、排气口即可。

图 7-3b 所示为径向活塞式气马达的结构和工作原理。压缩空气经进气口进入配气阀后再进入气马达，推动气马达中的活塞及连杆组件运动，再使所连接的曲轴旋转。在曲轴旋转的同时，带动固定在曲轴上的配气阀同步运动，使压缩空气随着配气阀角度位置的改变而进入不同的活塞内，依次推动各个活塞运动，并由各活塞及连杆带动曲轴连续运转，与此同时，与进气的活塞缸相对应的气缸则处于排气状态。

图 7-3c 所示为涡轮式气马达，压缩空气直接吹在轮叶上，将压缩空气的速度和压力能转变为回转运动。

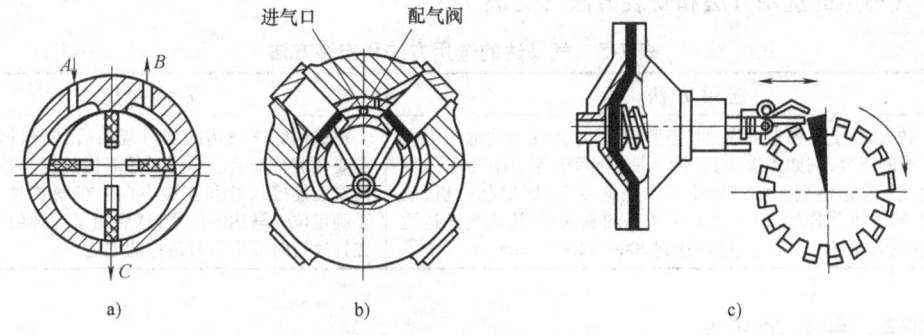

图 7-3　气马达的工作原理
a）叶片式　b）径向活塞式　c）涡轮式

3. 气马达的日常维护与保养

日常维护和润滑是气马达正常工作不可缺少的环节。

1）气马达长期存放后，不应带负荷起动，应在有润滑条件下进行 0.5～1min 空转。

2）压缩空气必须经过过滤、保证清洁和干燥。

3）气马达按其使用情况，定期维修，以延长某些零件的使用寿命。气马达正常使用 3～6 个月后，应拆开检查，清洗一次。在清洗过程中，如发现有零件磨损需及时更换。

4）气动系统必须安装油雾器，润滑油必须随压缩空气进入气马达，流量为 80～100 滴/min。

5）在使用过程中若出现故障，如声音异常等不正常现象，应立即停止使用进行检修。

4. 叶片式气马达常见故障、原因与排除方法（见表 7-3）

表7-3　叶片式气马达常见故障、原因与排除方法

故障现象	产生原因	排除方法
叶片严重磨损	1. 断油或供油不足 2. 空气不干净 3. 长期使用后的磨损	1. 检查油雾器,保证润滑 2. 净化空气 3. 更换叶片
定子内孔纵向波浪槽	1. 杂质进入定子内部 2. 长期使用后磨损所至	1. 清洗、修复定子内部 2. 更换定子
叶片卡死	叶片槽间隙不当或变形	更换叶片

5. 活塞式气马达常见故障、原因与排除方法（见表7-4）

表7-4　活塞式气马达常见故障、原因与排除方法

故障现象	产生原因	排除方法
功率转速显著下降	1. 配气阀装反 2. 活塞环磨损 3. 气压低	1. 拆下重装 2. 更换活塞环 3. 调整系统压力
耗气量大	1. 缸、活塞环、阀套磨损 2. 管路系统漏气	1. 修复、更换零件 2. 检查管路系统
运行中突然不转	1. 润滑不良 2. 气阀卡死、烧伤 3. 曲轴、连杆轴承磨损 4. 配气阀杜塞、脱焊	1. 加油润滑 2. 清洗气阀、更换零件 3. 修复、更换零件 4. 拆下重新焊接

6. 气马达的选用方法和安装方法（见表7-5）

表7-5　气马达的选用方法和安装方法

选用方法	安装方法
气马达的选择主要根据负载的状态要求:叶片式气马达适用于低转矩、高速的场合,例如手提工具、传送带、升降机等中小功率的机械;活塞式气马达适用于中高转矩和中低速场合,例如起重机、绞架、绞盘、拉管机等载荷较大且起动要求高的机械;涡轮式气马达适用于高速低转矩的场合,其速度可达到2000～4000r/min	在选用好气马达的型号规格后,要根据现场的需要来进行安装。不同型号规格的气马达有不同的安装连接尺寸和安装方向。在安装时,首先要正确定位气马达的位置,然后用紧固螺钉连接好,在拧螺钉时要采用对角拧的方法

技能训练:气缸的折装

一、训练目的

1. 通过拆装训练,使学生增加对气缸的结构和组成的认识。

2. 通过拆装训练,使学生对气缸工作原理有更深的认识。

二、气缸的结构图（如图7-2所示）

三、训练步骤

1. 拆开气缸前后端盖紧固螺钉,把活塞、活塞杆、气缸内的密封圈等零件拆下,依次放好,分析气缸的组成和工作原理。

2. 把气缸内所有元件（如活塞、活塞杆、密封圈等）按顺序安装好,装配时注意将所有密封件的相对运动工作表面涂上润滑脂,另外要注意动作方向,活塞杆不允许承受偏心或横向负载等。最后把气缸前后端盖紧固螺钉拧紧。

四、训练思考

1. 气缸的结构元件有＿＿＿＿＿＿＿＿＿＿＿。

2. 根据训练内容填写表 7-6。

表 7-6　结果记录表

名称	种　类	图 形 符 号	工 作 过 程	特　　点
单杆缸	缸体固定			
	活塞杆固定			
双杆缸	缸体固定			
	活塞杆固定			
简述气缸的工作原理				

任务二　认识气动压力控制元件

本任务通过对气动压力控制元件的学习，达到如下知识、技能目标：

知识目标：

- 理解压力控制元件的工作原理。
- 理解压力控制元件在系统中的作用。

技能目标：

- 具有根据系统需要选择压力控制元件的能力。
- 具有根据系统原理图的要求调节压力控制元件的能力。
- 具有分析和排除压力控制阀常见故障的能力。

相关知识：气动压力控制元件

由于动力装置输出的气体压力往往比实际所需压力要高，同时压力脉动性大，所以需要控制系统压力，用于控制系统压力的阀称为压力控制阀。可分为减压阀、压力顺序阀、溢流阀。

一、减压阀

1. 减压阀的作用和分类（见表 7-7）

表 7-7　减压阀的作用和分类

减压阀的作用	减压阀的分类
将输出压力调节在比输入压力低的调定值并保持稳定不变	（1）按压力调节方式可分为直动式和先导式减压阀。直动式减压阀是利用手柄或旋钮直接调节调压弹簧来改变减压阀输出压力。先导式减压阀是采用压缩空气代替调压弹簧来调节输出压力。先导式减压阀又可分为外部先导式和内部先导式 （2）按排气方式可分为溢流式、非溢流式和恒量排气式三种。溢流式减压阀的特点是减压过程中从溢流孔中排出少量多余的气体，维持输出压力不变。非溢流式减压阀没有溢流孔，使用时回路中要安装一个放气阀，以排出输出侧的部分气体，它适用于调节有害气体压力的场合，可防止大气污染。恒量排气式减压阀始终有微量气体从溢流阀座的小孔排出，能更准确地调整压力，一般用于输出压力要求调节精度高的场合

2. 减压阀的工作原理（见表 7-8）

3. 减压阀的选用和调节方法（见表 7-9）

表7-8 减压阀的工作原理

种类	结 构 图	工作原理	应 用
直动式减压阀	 1—调压手柄 2、3—弹簧 4、12—膜片 5—阀杆 6—阻尼孔 7—阀芯 8—顶杆 9—密封圈 10—垫圈 11—阀体	旋转手柄1压缩调压弹簧3,推动膜片4和阀杆5下移,使阀芯7向下移动打开阀门,压缩空气便可从进气口 P_1 流到出气口 P_2。此时出气口的气体经阻尼孔6作用于膜片4的下面从而产生向上的推力(这个力始终有把阀口关闭的作用),使出口压力降低,这样的作用称负反馈。当向上的推力跟弹簧力相平衡时,出气口的压力便恒定	一般适用于低压、小流量系统
先导式减压阀	 1—固定节流孔 2—喷嘴 3—挡板 4—上气室 5—中气室 6—下气室 7—阀芯 8—排气孔 9—膜片	先导式减压阀的调压气体一般是由小型的直动式减压阀供级,用调压气体代替调压弹簧来调整输出压力	主要用于流量较大系统。用于通径在20mm以上、远距离(30m以内)、高处、危险处、调压困难的场合

表7-9 减压阀的选用和调节方法

减压阀的选用方法	减压阀的调节方法
1. 根据系统所要求的工作压力、调压范围、最大流量和稳压精度来选择减压阀 2. 减压阀的公称流量是主要参数,一般与阀的接管口径相对应。阀的气源压力应高出最高输出压力0.1MPa 3. 在易燃、易爆等人不宜接近的场合,应选用外部先导式减压阀,但控制距离不能超过30m 4. 减压阀一般都用管式连接,特殊需要也可使用板式连接。如减压阀与过滤器、油雾器联用,则应采用气动二联件或三联件,以节省空间 5. 要求减压阀的出口压力波动小时,如出口压力波动超过工作压力最大值的±0.5%,应选用精密型减压阀	1. 为了方便操作,减压阀一般都是垂直安装,且按阀体箭头指向连接管路,不能装错方向。同时,安装前要将阀做好清洁工作 2. 减压阀不用时应旋松手柄,以免阀内膜片因长期受力而变形以致损坏 3. 由于减压阀的压力设定值与执行元件的工作压力有关,所以在调节减压阀的压力时,一定要保证减压阀回路中执行元件能正常安全地工作。减压阀的压力调好后,要锁紧减压阀上的锁紧螺母

4. 减压阀的常见故障原因及排除方法（见表 7-10）

表 7-10　减压阀的常见故障原因及排除方法

常见故障	原　　因	排除方法
平衡状态下，空气从溢流口溢出	1. 进气阀座和溢流阀座有尘埃 2. 阀杆顶端和溢流阀座之间密封漏气 3. 阀杆顶端和溢流阀之间研配质量不好 4. 膜片破裂	1. 拆下清洗 2. 更换密封圈 3. 重新研配或更换 4. 更换
压力调不高	1. 调压弹簧断裂 2. 膜片破裂 3. 膜片有效受压面积与调压弹簧设计不合理	1. 更换 2. 更换 3. 重新调整
调压时压力爬行，升高缓慢	1. 过滤网堵塞 2. 下部密封圈阻力大	1. 拆下清洗 2. 更换密封圈或检查有关部分
出口压力发生激烈波动或不均匀变化	1. 阀杆或进气阀芯上的 O 型圈表面有损伤 2. 进气阀芯与阀座之间导向接触不好	1. 更换 2. 整修或更换阀芯

二、顺序阀（见表 7-11）

表 7-11　顺序阀的作用、工作原理

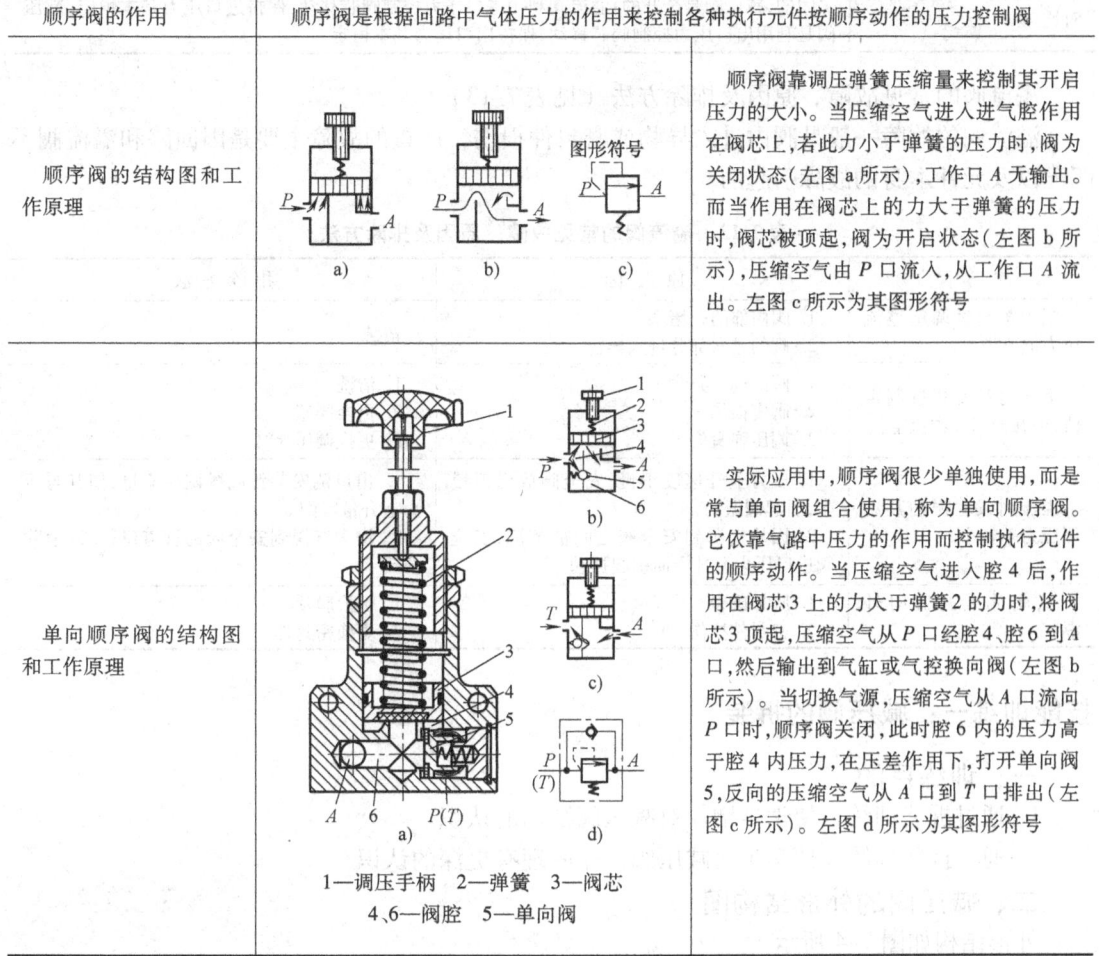

顺序阀的作用	顺序阀是根据回路中气体压力的作用来控制各种执行元件按顺序动作的压力控制阀	
顺序阀的结构图和工作原理	a)　b)　图形符号 c)	顺序阀靠调压弹簧压缩量来控制其开启压力的大小。当压缩气进入进气腔作用在阀芯上，若此力小于弹簧的压力时，阀为关闭状态（左图 a 所示），工作口 A 无输出。而当作用在阀芯上的力大于弹簧的压力时，阀芯被顶起，阀为开启状态（左图 b 所示），压缩空气由 P 口流入，从工作口 A 流出。左图 c 所示为其图形符号
单向顺序阀的结构图和工作原理	a)　b)　c)　d) 1—调压手柄　2—弹簧　3—阀芯 4、6—阀腔　5—单向阀	实际应用中，顺序阀很少单独使用，而是常与单向阀组合使用，称为单向顺序阀。它依靠气路中压力的作用而控制执行元件的顺序动作。当压缩空气进入腔 4 后，作用在阀芯 3 上的力大于弹簧 2 的力时，将阀芯 3 顶起，压缩空气从 P 口经腔 4、腔 6 到 A 口，然后输出到气缸或气控换向阀（左图 b 所示）。当切换气源，压缩空气从 A 口流向 P 口时，顺序阀关闭，此时腔 6 内的压力高于腔 4 内压力，在压差作用下，打开单向阀 5，反向的压缩空气从 A 口到 T 口排出（左图 c 所示）。左图 d 所示为其图形符号

三、溢流阀（见表7-12）

表7-12　溢流阀的作用、工作原理以及和减压阀的对比

溢流阀的作用	溢流阀(也称安全阀)在系统中限制回路最高压力,保护系统安全。当回路、气罐的压力上升到设定值以上时,溢流阀把超过设定值的压缩空气排入大气,以保持输入压力不超过设定值,避免管路破裂及损坏
溢流阀的结构和工作原理	 a)关闭状态　b)开启状态　c)图形符号 1—调节手轮　2—调压弹簧　3—阀芯	它由调节手轮1、调压弹簧2、阀芯3和壳体组成。当气动系统的气体压力在规定的范围内时,由于气压作用在阀芯3上的力小于调压弹簧2的预压力,所以阀门处于关闭状态,如左图 a 所示。当气动系统的压力升高,作用在阀芯3上的力超过了弹簧2的预压力时,阀芯3就克服弹簧力向上移动,阀芯3开启,如左图b所示。压缩空气由排气孔 T 排出,实现溢流,直到系统的压力降至规定压力以下时,阀重新关闭。开启压力大小靠调压弹簧的预压缩量来实现。溢流阀有直动式和先导式两种
溢流阀和减压阀的对比	溢流阀与减压阀在结构上相似,所不同的是主阀芯的结构。溢流阀在初始状态下阀口是关闭的,减压阀是全开的;溢流阀利用进口压力控制阀芯移动,保持进口压力基本恒定,减压阀是利用出口压力控制阀芯移动,保持出口压力基本恒定

溢流阀的常见故障、原因及排除方法（见表7-13）

溢流阀的故障一般是阀内进入异物或密封件损伤,严重的故障主要是因回路和溢流阀不匹配以及元件本身的故障引起的。

表7-13　溢流阀的常见故障、原因及排除方法

故　　障	原　　因	排除方法
压力虽超过调定溢流压力但不溢流	1. 阀内部的孔堵塞 2. 阀的导向部分进入异物	清洗
虽压力没有超过调定值,但在出口却溢流空气	1. 阀内进入异物 2. 阀座损伤 3. 调压弹簧失灵	1. 清洗 2. 更换阀座 3. 更换调压弹簧
溢流时发生振动其启闭压力差较小	1. 压力上升速度很慢,安全阀放出流量多,引起阀振动 2. 因从气源到安全阀之间被节流,安全阀进口压力上升慢而引起振动	1. 出口侧安装针阀微调溢流量,使其与压力上升量匹配 2. 增大气源到安全阀的管道口径,以消除节流
从阀体或阀盖向外漏气	1. 膜片破裂 2. 密封件损伤	1. 更换膜片 2. 更换密封件

技能训练一：减压阀的拆装

一、训练目的

1. 通过拆装训练,使学生增加对减压阀结构的认识。
2. 通过拆装训练,使学生对减压阀工作原理有更深的认识。

二、减压阀的外形结构图

外形结构如图7-4所示。

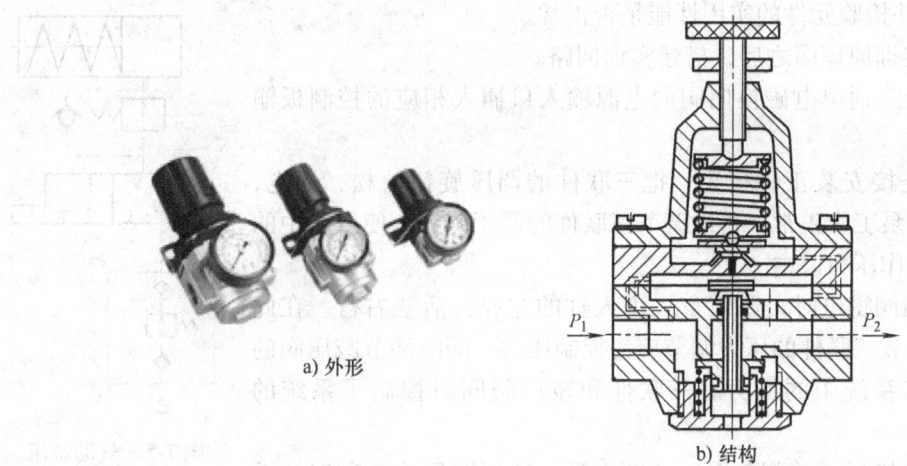

图7-4 减压阀外形结构图

三、训练步骤

1. 拆开减压阀的紧固螺钉,把阀芯、密封圈等零件拆下,依次放好,分析减压阀的组成和工作原理。

2. 把减压阀内所有元件(如阀芯、密封圈等)按顺序安装好,装配时注意将所有密封件的相对运动工作表面涂上润滑脂,另外要注意动作方向。最后把减压阀紧固螺钉拧紧。

四、训练思考

1. 简述先导式减压阀的结构组成。

2. 根据训练内容填写表7-14。

表7-14 结果记录表

名　　称	图形符号	作　　用	特　　点
减压阀			
如何根据系统压力大小调节减压阀			

技能训练二:安装气动调压系统

一、训练目的

1. 通过安装气动调压系统训练,使学生增加对减压阀在系统中作用的认识。

2. 通过安装气动调压系统训练,使学生掌握减压阀的安装、调节方法。

二、系统原理图

系统原理图如图7-5所示。

三、训练步骤

1. 根据实训需要选择元件(气源调节装置、二位三通单电磁换向阀、减压阀、弹簧缸、连接软管）。并检验元件的实用性能是否正常。

2. 看懂实训原理图之后，搭建实训回路。

3. 将二位三通单电磁换向阀的电源输入口插入相应的控制板输出口。

4. 确认连接安装正确稳妥，把三联件的调压旋钮放松，通电，开启气泵。待泵工作正常，再次调节三联件的调压旋钮，使回路中的压力在系统工作压力以内。

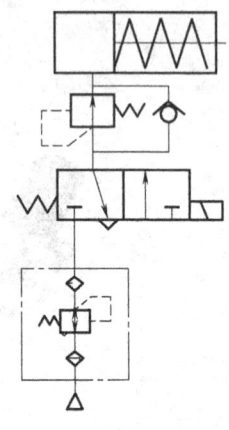

图 7-5　气动调压系统原理图

5. 当电磁阀得电时，压缩空气进入缸的左腔，活塞右行。在此过程中可以调节三联件的压力调节旋钮控制压力；同时调节减压阀的开口也可调节系统中的压力。三联件和减压阀同时控制了系统的压力。

6. 实训完毕后，关闭气泵，切断电源，待回路压力为零时，拆卸回路，清理元器件并放回规定的位置。

四、训练思考

1. 气动减压阀的安装方法？

2. 气动减压阀的维护保养方法？

任务三　认识气动流量控制元件

本任务通过对气动流量控制元件的学习，达到以下知识、技能目标：

知识目标：

- 理解流量控制元件的工作原理。
- 理解流量控制元件在系统中的作用。

技能目标：

- 具有根据系统需求选择流量控制元件的能力。
- 具有根据系统图的要求调节流量控制元件的能力。
- 具有分析和排除流量控制阀常见故障的能力。

相关知识：气动流量控制元件

气压传动中的流量控制阀与液压传动中的流量控制阀一样，也是通过改变阀的通流面积来实现流量控制的。气压传动中的流量控制阀包括节流阀、单向节流阀和排气消声节流阀等。

一、节流阀

1. 常见节流阀的节流口形状（见表 7-15）。

2. 节流阀的结构和工作原理（见表 7-16）。

3. 可调单向节流阀的结构和工作原理（见表 7-17）。

可调单向节流阀是将一个单向阀和一个节流阀并联安装在一起。节流阀在一个方向上起流量控制，另一个方向的压缩空气通过单向阀流通。

表 7-15　常见节流阀的节流口形状

节流口形状	图　形	特　点
针阀型		当阀开度较小时调节比较灵敏,当超过一定开度时,调节流量的灵敏度就差了
三角沟槽型		通流面积与阀芯位移量成线性关系
圆柱斜切型		通流面积与阀芯位移量成指数关系,能进行小流量精密调节

表 7-16　节流阀的结构和工作原理

类型	结　构　图	工　作　原　理
节流阀	调节螺母　弹簧　阀芯　节流口　*P*　*A*	当压缩空气从节流阀的左腔进入时,单向密封圈被压在阀体上,气体只能通过节流口从右腔输出,达到节流的目的。当压缩空气从右腔进入时,可以达到同样节流的目的

表 7-17　可调单向节流阀的结构和工作原理

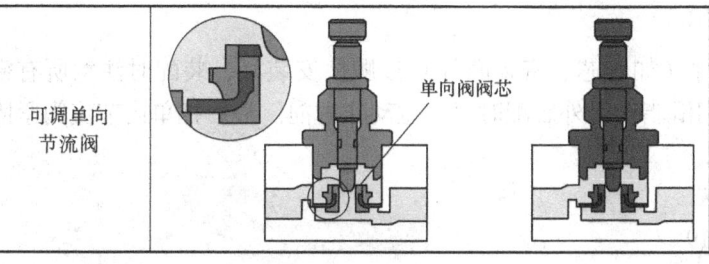

| 可调单向节流阀 | 单向阀阀芯 | 当压缩空气从单向节流阀的左腔进入时,单向密封圈被压在阀体上,气体只能通过节流口从右腔输出,达到节流的目的。当压缩空气从右腔进入时,单向密封圈在空气压力作用下向上翻起,从而气体不必通过节流口就可流到左腔输出,实现反向导通 |

二、流量控制阀的选用、使用与调节方法（见表7-18）

表7-18　流量控制阀的选用、使用与调节方法

流量控制阀的选用方法	1. 根据气动系统执行元件的进、排气口通径来选择 2. 阀的公称流量应与系统所需的调节范围相适应 3. 根据使用条件来选用 4. 用流量控制阀控制的运动速度不得低于30mm/s
流量控制阀的使用与调节方法	1. 流量阀应尽量安装在气缸附近，以减少气体压缩对速度的影响 2. 气缸和活塞间的润滑要好，注意气缸内表面的加工质量 3. 气缸的负载要稳定，如负载变化大，可采用气-液联动进行调速 4. 管道上不能有漏气现象 5. 调节流量控制阀时，要根据该阀铭牌上标注的调节大小方向来调节。流量可以从大往小调节或从小往大调节，直到调节到需要值为止，并锁紧其锁紧螺母

技能训练一：节流阀的拆装

一、训练目的

1. 通过拆装训练，使学生增加对节流阀结构的认识。

2. 通过拆装训练，使学生对节流阀工作原理有更深的认识。

二、单向节流阀的外形结构图

外形结构如图7-6所示。

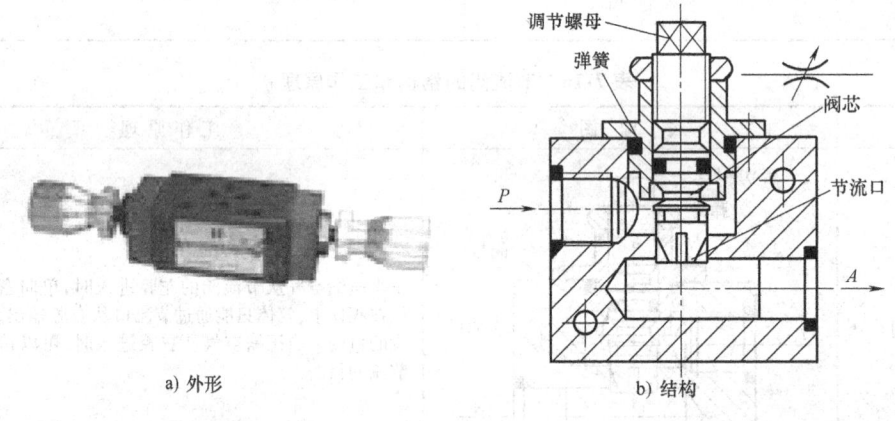

a) 外形　　　　　　　　　　　b) 结构

图7-6　节流阀

三、训练步骤

1. 拆开单向节流阀的紧固螺钉，把阀芯、密封圈等零件拆下，依次放好，分析单向节流阀的组成和工作原理。

2. 把单向节流阀内所有元件（如阀芯、密封圈等）按顺序安装好，装配时注意所有密封件的相对运动工作表面涂上润滑脂，另外装配时要注意动作方向。最后把单向节流阀紧固螺钉拧紧。

四、训练思考

1. 根据训练内容填写表7-19。

表7-19 结果记录表

名　　称	图形符号	作　　用	特　　点
单向节流阀			
如何调节单向节流阀的开口大小			

2. 写出单向节流阀的组成零件。

技能训练二：安装气动调速系统

一、训练目的

1. 通过安装气动调速系统训练，使学生增加对流量阀在系统中作用的认识。
2. 通过安装气动调速系统训练，使学生掌握流量阀的安装、调试方法。

二、系统原理图

系统原理图如图 7-7 所示。

三、实训步骤

1. 据实验的需要选择元件（单杆双作用气缸、单向节流阀、二位二通单电磁换向阀、二位五通单电磁换向阀、气源调节装置、接近开关、连接软管）。并检验元件的实用性能是否正常。

2. 看懂原理图之后，搭建实验回路。

3. 将二位五通双电磁换向阀和二位二通单电磁换向阀以入及接近开关的电源输入口插入相应的控制板输出口。

4. 确认连接安装正确稳妥，把气源调节装置的调压旋钮放松，通电，开启气泵。待泵工作正常，再次调节气源调节装置的调压旋钮，使回路中的压力在系统工作压力以内。

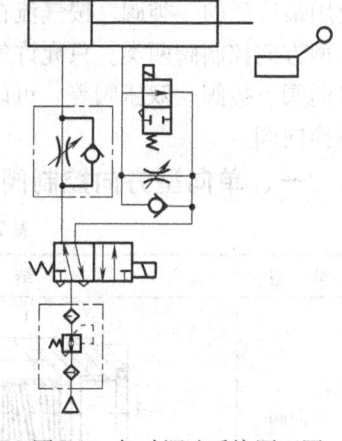

图 7-7 气动调速系统原理图

5. 电磁换向阀不得电，压缩空气经过气源调节装置、电磁换向阀、单向节流阀进入缸的左腔，活塞在压缩空气的作用下向右运动，此时缸的右腔空气经过二位二通电磁阀过二位五通电磁阀排出。

6. 当活塞杆接触到接近开关时，二位二通电磁阀失电换位，右腔的空气只能从单向节流阀排出，此时只要调节单向节流阀的开口就能控制活塞运动的速度。从而实现了一个从快速运动到较慢运动的换接。而当二位五通电磁阀右位接入时可以实现快速回位。

7. 实验完毕后，关闭泵，切断电源，待回路压力为零时，拆卸回路，清理元器件并放回规定的位置。

四、训练思考

1. 气动节流调速回路的种类并画出简单的系统原理图。
2. 气动系统的调速方法。

任务四　认识气动方向控制元件

通过本任务对气动方向控制元件的学习，达到如下知识、技能目标：

知识目标：

- 理解方向控制阀工作原理。
- 理解方向控制阀符号的含义。

技能目标：

- 具有根据气动系统图选择方向控制元件的能力。
- 具有正确安装气动方向控制元件的能力。
- 具有分析和排除方向控制阀常见故障的能力。

相关知识：气动方向控制元件

方向控制阀是用来控制管道内压缩空气的流动方向和气流通断的元件，它是气动系统中应用最广泛的一类阀。按气流在阀内的作用方向，方向控制阀可分为单向型方向控制阀和换向型方向控制阀两类。只允许气流沿一个方向流动的方向控制阀称为单向型方向控制阀，如单向阀、梭阀、双压阀等。可以改变气流流动方向的方向控制阀称为换向型方向控制阀，简称换向阀。

一、单向型方向控制阀的类型、结构与作用（见表 7-20）

表 7-20　单向型方向控制阀的结构与作用

类　型	结　构　图	作　用
单向阀	 1—弹簧　2—阀体　3—阀芯	单向阀是使所控制气流只能朝一个方向流动，而不能反向流动的阀
梭阀		梭阀相当于是两个单向阀组合的阀，其作用相当于"或"功能阀。它有两个进气口 P_1 和 P_2，一个出口 A，其中 P_1 和 P_2 都可与 A 相通，但 P_1 和 P_2 不相通。不管 P_1 还是 P_2 有信号，A 口都有输出。当 P_1 和 P_2 都有信号输入时，A 口将和较大的压力信号接通；若两边压力相等，A 口一般将和先加入的信号输入口接通，有时决定于阀芯的原始状态。梭阀与单向阀不同，没有复位弹簧，全靠气压密封
双压阀		双压阀的作用相当于"与"功能。有两个输入口 P_1、P_2，一个输出口 A。只有当两个输入口都进气时，A 口才有输出，当 P_1 与 P_2 口输入的气压不等时，气压低的通过 A 口输出

二、换向型方向控制阀

1. 换向型方向控制阀的分类（见表 7-21）。

表 7-21　换向型方向控制阀的分类

按不同的方式分类	具 体 内 容
按阀的控制方式分类	可分为气压控制、电磁控制、人力控制和机械控制换向阀等类型
按阀的工作位置分类	阀的工作位置称为"位"，有几个切换工作位置的阀就称为"几位"阀。经常使用的有二位阀和三位阀。阀在未加控制信号或被操作时所处的位置称为零位
按阀的接口数目分类	阀的接口（包括排气口）称为"通"，阀的接口包括入口、出口和排气口，但不包括控制口。常见的阀有两通、三通、四通、五通
按阀芯结构形式分类	常用的阀芯结构形式有截止式、滑柱式两大类
按控制数分类	可分为单控式和双控式。单控式是指阀的一个工作位置由控制信号获得，另一个工作位置是当控制信号消失后，靠其他力来获得（称为复位方式）。双控式是指阀有两个控制信号，对二位阀采用双控，当一个控制信号消失，另一个控制信号未加入时，能保持原有阀位不变，称阀具有记忆功能
按阀的安装连接方式分类	阀的连接方式有管式连接、板式连接、法兰连接和集成式连接等

2. 常见二位和三位换向阀的图形符号（见表 7-22）。

表 7-22　常见二位和三位换向阀的图形符号

	二位	三　位			
		中位封闭式	中位泄压式	中位加压式	中位止回式
二通	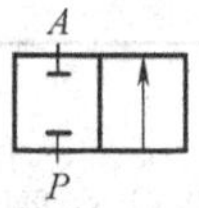				
三通	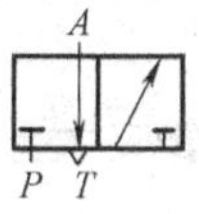	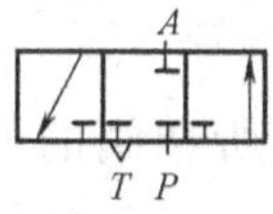			
四通	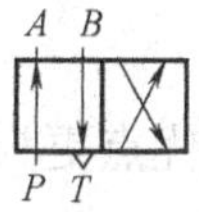	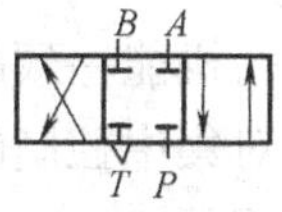	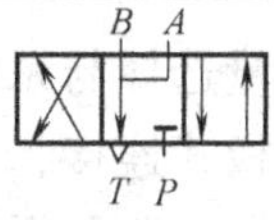		
五通	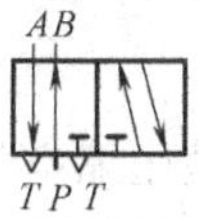	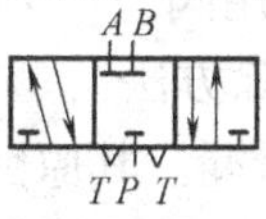	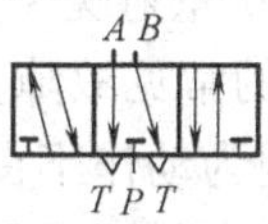	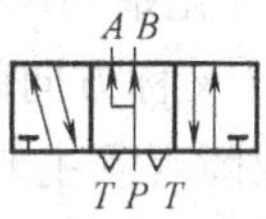	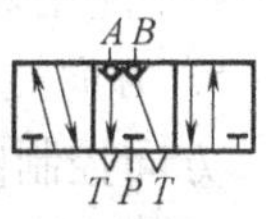

3. 常用换向型方向控制阀的工作原理（见表 7-23）。

表 7-23　常用换向型方向控制阀的工作原理

类　型	工作原理图	工作原理
单气控加压式换向阀	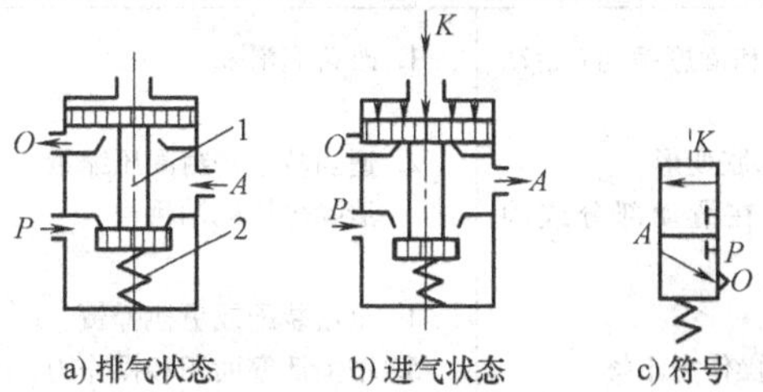 a) 排气状态　　b) 进气状态　　c) 符号	当 K 口没有控制信号时，阀芯 1 在弹簧 2 与 P 腔气压作用下，使 P、A 口断开，A、O 口接通，阀处于排气状态，如左图 a 所示。当 K 口有控制信号时，P、A 口接通，A 与 O 口断开，A 口进气，如左图 b 所示。左图 c 所示为其图形符号

（续）

类　型	工作原理图	工作原理
单电控直动式电磁阀	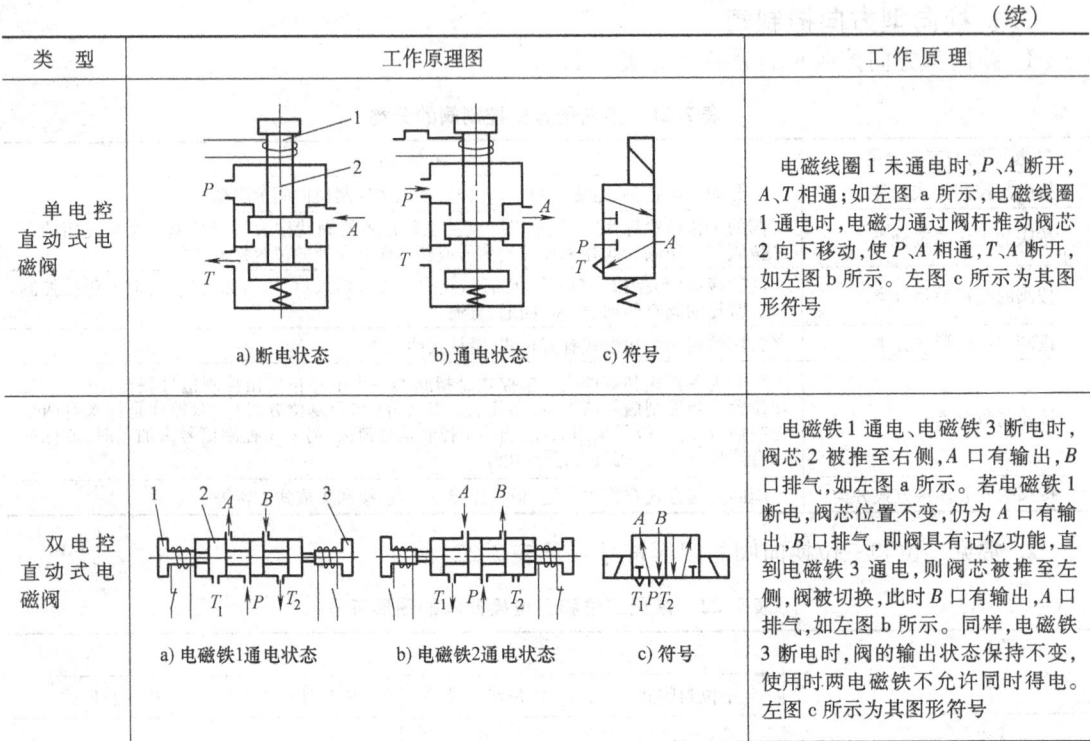　　a) 断电状态　　b) 通电状态　　c) 符号	电磁线圈 1 未通电时，P、A 断开，A、T 相通；如左图 a 所示，电磁线圈 1 通电时，电磁力通过阀杆推动阀芯 2 向下移动，使 P、A 相通，T、A 断开，如左图 b 所示。左图 c 所示为其图形符号
双电控直动式电磁阀	a) 电磁铁1通电状态　　b) 电磁铁2通电状态　　c) 符号	电磁铁 1 通电、电磁铁 3 断电时，阀芯 2 被推至右侧，A 口有输出，B 口排气，如左图 a 所示。若电磁铁 1 断电，阀芯位置不变，仍为 A 口有输出，B 口排气，即阀具有记忆功能，直到电磁铁 3 通电，则阀芯被推至左侧，阀被切换，此时 B 口有输出，A 口排气，如左图 b 所示。同样，电磁铁 3 断电时，阀的输出状态保持不变，使用时两电磁铁不允许同时得电。左图 c 所示为其图形符号

4. 正确选用方向控制阀的方法

选用方向控制阀时，首先根据基本功能选择类型，在选择型号时要注意阀的安装方式、尺寸大小等。具体要注意以下事项：

1）根据所需流量选择阀的通径。一般情况下所选阀的额定流量应大于实际的最大流量。

2）为保证系统工作需要，要尽量选择与系统所需机能一致的阀。

3）在选择安装方式时尽量选择板式连接，特别对集中控制的系统优点更为突出。

4）优先采用标准化系列产品，尽量避免采用专用阀。

5. 方向控制阀（又称方向阀）的常见故障及排除方法

方向控制阀的故障现象主要表现为动作不良和泄漏。其原因主要是压缩空气中的冷凝水进入、混入尘埃、铁锈、润滑不良、密封圈质量差等。方向控制阀的常见故障、原因及排除方法见表 7-24。

表 7-24　方向控制阀的常见故障、原因及排除方法

故障现象	原　　因	排除方法
阀不能换向	1. 润滑不良，滑动阻力和静摩擦力（始动摩擦力）大 2. 密封圈压缩量大或膨胀变形 3. 尘埃或油污等被卡在滑动部分或阀座上 4. 弹簧卡住或损坏 5. 控制活塞面积偏小，操作力不够	1. 改善润滑 2. 适当减小密封圈压缩量 3. 清除尘埃或油污 4. 重新装配或更换弹簧 5. 增大活塞面积和操作力

（续）

故障现象	原　因	排除方法
阀泄漏	1. 密封圈压缩量过小或有损伤 2. 阀杆或阀座有损伤 3. 铸件有缩孔	1. 适当增大压缩量或更换受损坏密封件 2. 更换阀杆或阀座 3. 更换铸件
阀产生振动	1. 压力低（先导式） 2. 电压低（电磁式）	1. 提高先导操作压力 2. 提高电源电压或改变线圈参数

技能训练一：方向控制阀的拆装

一、训练目的

1. 通过拆装训练，使学生增加对方向控制阀的结构的认识。

2. 通过拆装训练，使学生对方向控制阀工作原理有更深的认识。

二、方向控制阀的外形

方向控制阀外形如图 7-8 所示。

三、训练步骤

1. 拆开方向控制阀的紧固螺钉，把阀芯、密封圈等零件拆下，依次放好，分析方向控制阀的组成和工作原理。

2. 把方向控制阀内所有元件（如阀芯、密封圈等）按顺序安装好，装配时要注意阀芯的方向。最后把方向控制阀紧固螺钉拧紧。

图 7-8　方向控制阀外形

四、训练思考

1. 简述方向控制阀的结构组成。

2. 根据训练内容填写表 7-25。

表 7-25　结果记录表

名　称	图形符号	作　用	特　点
方向控制阀			
方向控制阀有哪些安装方式			

技能训练二：安装气动换向系统

一、训练目的

1. 通过安装气动方向控制系统训练，使学生增加对换向阀在系统中作用的认识。

2. 通过安装气动方向控制系统训练，使学生掌握换向阀的安装、调试方法。

二、系统原理图

系统原理图如图 7-9 所示。

三、训练步骤

1. 依照实训回路图选择气动元件（单杆双作用缸、二个单向节流阀、二位五通单电磁

换向阀、三联件、长度合适的连接软管）；并检验元器件的实用性能
是否正常。

2. 在看懂系统原理图的情况下，搭接实训回路。

3. 将二位五通单电磁换向阀的电源输入口插入相应的控制板输出口。

4. 确认连接安装正确稳妥，把气源调节装置的调压旋钮放松，通电，开启气泵。待泵工作正常，再次调节气源调节装置的调压旋钮，使回路中的压力在系统工作压力以内。

5. 当二位五通单电磁阀如图示所示工作位置，气体从气泵出来经过电磁阀再经过节流阀到达气缸左腔使气缸活塞左移；当电磁阀右位接入，气体经电磁阀的右位进入气缸的右腔，气缸活塞左移。

6. 实训完毕后，关闭气泵，切断电源，待回路压力为零时，拆卸回路，清理元器件并放回规定的位置。

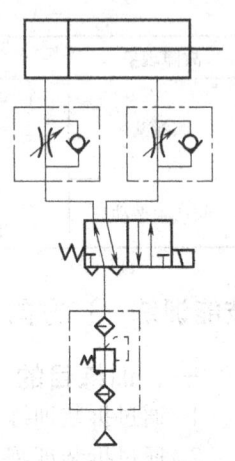

图7-9　气动换向系统原理图

四、训练思考

1. 气动换向元件的安装注意事项。

2. 使气动换向阀阀芯移动的外力形式。

技能训练三：安装气动换向系统中互锁回路

一、训练目的

1. 通过安装气动换向系统训练，使学生增加对方向阀在系统中作用的认识。

2. 通过安装气动换向系统训练，使学生掌握方向阀的安装、调试方法。

二、系统原理图

系统原理图如图7-10所示。

三、训练步骤

1. 根据实训的需要选择元件（单杆双作用缸、或门逻辑阀、双气控阀、二位三通电磁阀、三联件、连接软管）。并检验元件的实用性能是否正常。

2. 看懂原理图之后，搭建实训回路。

3. 将二位三通单电磁换向阀的电源输入口插入相应的控制板输出口。

4. 确认连接安装正确稳妥，把气源调节装置的调压旋钮放松，通电，开启气泵。待泵工作正常，再次调节气源调节装置的调压旋钮，使回路中的压力在系统工作压力以内。

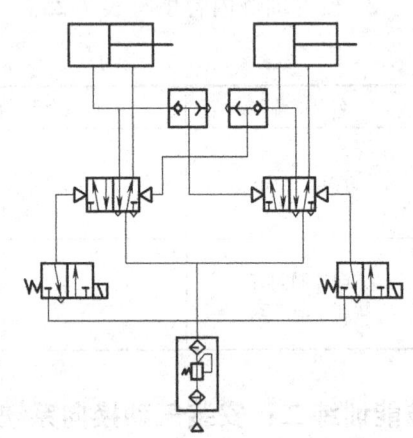

图7-10　互锁回路原理图

5. 如图7-10所示没有一个缸可以动作；当左边电磁阀得电时，压缩空气经左边电磁阀使双气控阀动作左位接入。压缩空气进入左缸的左位，左缸的活塞向右运行。

6. 当左边的电磁阀失电，右边的电磁换向阀工作时，压缩空气经过双气控阀左缸的左位进入右缸的右腔，活塞向右运行。同时压缩空气经或门逻辑阀控制左边的双气控阀一直右位接入，从而避免了同时动作。

7. 实训完毕后，关闭气泵，切断电源，待回路压力为零时，拆卸回路，清理元器件并放回规定的位置。

四、训练思考

1. 写出该气动系统的工作原理。
2. 双气控阀在系统中的作用。

任务五　连接 H400 加工中心主轴松刀夹紧气动系统

通过对本任务连接 H400 加工中心主轴松刀夹紧气动系统的学习和训练，要求达到如下知识和技能目标：

知识目标：

- 读懂 H400 加工中心主轴松刀夹紧气动系统。
- 熟悉各元件在系统中的作用。

技能目标：

- 能正确选择及动手调节各种元件，并能按系统图组装成回路。
- 能正确分析、判断气压系统中常见故障并能动手排除。

相关知识：H400 加工中心主轴松刀夹紧气动系统

一、识读系统 H400 加工中心主轴松刀夹紧气动系统

H400 加工中心主轴松刀夹紧气动回路如图 7-1 所示，该回路实现刀具的夹紧和松开过程。执行刀具夹紧与松开的元件是气缸 B，由一个带双电磁铁的二位五通换向阀 6 控制气缸的往复运动，刀具夹紧力的大小由气源调节装置中的减压阀控制，快速排气阀 7 和 8 使气缸的排气速度加快。

刀具夹紧过程：6YA 失电、5YA 得电，气泵输出来的含有压力的气体通过气源调节装置 1、二位二通双电磁铁换向阀 6 的左腔、来到气缸 B 的下腔。气缸 B 上腔的气体通过快速排气阀 8 排到空气中。从而完成刀具的夹紧过程。

刀具松开过程：5YA 失电、6YA 得电，气泵输出来的含有压力的气体通过气源调节装置 1、二位二通双电磁铁换向阀 6 的右腔、来到气缸 B 的上腔。气缸 B 下腔的气体通过快速排气阀 7 排到空气中。从而完成刀具的松开过程。

1. 识读图 7-1 所示系统中元件并填入表 7-26。

表 7-26　结果记录表

图中编号	名　称	作　用
1		
6		
7		
B		

2. 分析系统工件情况并填入表 7-27。

表 7-27　结果记录表

动作顺序	电磁铁			气体流动情况
	Y1	Y2	Y3	
高压夹紧				进气路：
				排气路：
低压夹紧				进气路：
				排气路：
卡盘松开				进气路：
				排气路：

二、回路连接及调节

1. 根据所给的系统图的各元件的图形符号找出相应元件并进行良好固定。

2. 根据系统图进行气压回路和电气回路的连接并对回路进行检查。

3. 打开电源，起动系统观察运行情况，对使用中遇到的问题进行分析、解决。

4. 改变电磁铁的得失电，观察 H400 加工中心主轴松刀、夹紧状态的变化。

5. 根据系统出现的故障，进行故障排除。

6. 经教师的检查评价后，关闭电源，拆下管线和元件放回原来位置。

三、思考与练习

1. 分析 H400 加工中心主轴松刀夹紧气动系统的工作原理。

2. 根据训练内容填写表 7-28。

表 7-28　结果记录表

名　称	图形符号	作　用	特　点
两位五通双电磁换向阀			
两位三通单电磁换向阀			
两位五通气控换向阀			

项目八
组装 H400 加工中心主轴拔刀、插刀气动系统

本项目通过对组装 H400 加工中心主轴拔刀、插刀气动系统（如图 8-1 所示）的学习，达到如下知识、技能目标：

知识目标：

- 理解 H400 加工中心主轴拔刀、插刀气动系统的工作原理。
- 掌握 H400 加工中心主轴拔刀、插刀气动系统中各元件在系统中的作用。

技能目标：

- 具有根据 H400 加工中心主轴拔刀、插刀气动系统图选择各元件并组装系统的能力。
- 具有根据系统的需要调节各气动控制元件，以满足系统正常工作的需要的能力。

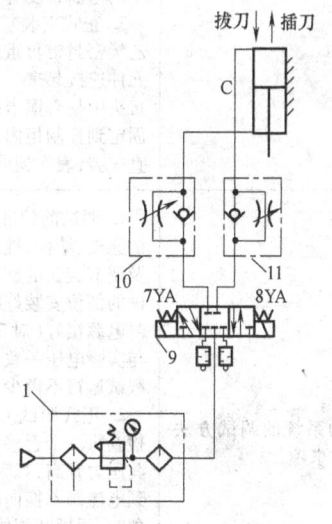

图 8-1　H400 加工中心主轴
拔刀、插刀气动系统
1—气动三联件　9—换向阀　10、11—单向节流阀

任务一　识读 H400 加工中心主轴拔刀、插刀气动系统

本任务通过对 H400 加工中心主轴拔刀插刀气动系统工作原理的学习，达到如下知识、技能目标：

知识目标：

- 掌握 H400 加工中心主轴拔刀、插刀气动系统的工作原理；

技能目标：

- 具有根据 H400 加工中心主轴拔刀、插刀系统原理图选择各元件的能力；

相关知识：气动系统的元件选择、安装、调试和维护（见表 8-1）

表 8-1　气动系统的元件选择、安装、调试和维护的方法和注意事项

气动系统的元件选择方法和注意事项	气动系统中有动力元件、执行元件、辅助元件和控制元件4大类。要正确选择各气动元件，首先要分析气动设备的功能要求，然后再根据前面所叙述的各气动元件的选择方法，来正确选择系统中所需要的所有元件。在 H400 数控加工中心换刀气动系统中要正确选用气源、气源调节装置、两位两通双电磁铁换向阀、单向节流阀、两位三通双电磁铁换向阀、两位五通双电磁铁换向阀、快速排气阀、消声器和气缸等
气动系统的安装方法和注意事项	气动系统的安装包括气动元件的安装和各元件之间的连接安装。具体有以下几步： 1. 审查气动系统设计　安装前首先要充分了解气动执行元件的工艺要求，根据其要求对系统原理图进行逐路分析，然后确定管接头的连接形式，既要考虑安装时的经济快捷，也要考虑整体安装好后中间单个元件拆卸、维修、更换的方便。另外，在达到同样工艺要求的前提下应尽量减少管接头的用量 2. 模拟安装　首先必须按图核对元件的型号和规格，然后卸掉每个元件进出口的堵头，在各元件上拧上端直通或端直角管接头，认清各气动元件的进出口方向。接着把各元器件按气动系统原理图中的线路要求平铺在工作台上，再量出各元件间所需管子的长度，长度选取要合理，要考虑电磁阀接线插座的拆卸、管线和各元件以后更换的方便以及管子再安装过程中的弯曲长度等 3. 正式安装　根据模拟安装的工艺，拧下各元件上的端直通，在端直通接头上包上聚四氟乙烯密封带再重新拧入气动元件内并用扳手拧紧。按照模拟安装时选好的管子长度，把各元件连接起来。在安装时要注意：铜管插入管接头时必须插到底再退，并且检查每一个管接头中是否铜卡鼓，卡紧螺帽必须用扳手扳紧，以防漏气。待这部分元件安装好后将它整体固定到控制柜内，再用铜管把相关回路连接起来，最后再装上相关仪表，并注意压力表要垂直安装，表面朝向要便于观察
气动系统的调试方法和注意事项	1. 调试前的准备工作　首先要熟悉气动设备说明书等有关技术资料，力求全面了解系统的原理、结构、性能及操作方法，其次要了解需要调整的元件在设备上的实际位置、操作方法及调节旋钮的旋向等。然后把所有气动元件的输出口用事先准备好的堵头堵住，在需要测试的部位安装好临时压力表以便观察压力；准备好驱动电磁阀的临时电源，并将电磁阀的临时电源接好(对220V电压的系统要特别注意安全，核查每一个电磁阀的额定许可电压是否与实验电压一致)，最后连接好气源。在空载情况下，观察执行元件是否有动作的产生。空载试运行不得少于2h，主要观察压力、流量、温度的变化 2. 正式调试工作　打开气源开关，缓慢调节进气调压阀使压力逐渐升高至 0.6MPa，然后检查每一个管接头处是否有漏气现象，如有必须加以排除。调节每一个支路上的调压阀使其压力升高，观察其压力变化是否正常。对每一路的电磁阀进行手动换向和通电换向，如遇到电磁阀不换向的情况可升高压力或将阀体稍加振动。换向阀因久放不用，发生不换向现象时，须拆开阀体将涂在阀芯上的干硬硅脂用煤油洗掉，重新涂上硅脂安装好。注意在用手动方法换向后，一定要把手动手柄恢复到原位，否则可能会出现通电后不换向的情况。执行元件的速度调试应逐个回路进行，在调试一个回路时，其余回路应处于关闭状态，对于速度平稳性要求较高的气动系统，应在受到负载的状态下，观察其速度的变化情况。速度调试完毕后，调节各执行元件的行程位置程序动作和安全联锁装置。各项指标均达到设计要求后，方能进行设备的试运行
气动系统的维护和保养方法	气动系统日常维护的主要内容是冷凝水和系统润滑的管理。气动系统从控制元件到执行元件，凡有相对运动的元件表面都需润滑，如润滑不当，会使摩擦阻力增大导致元件动作失常。同时，密封圈的磨损会引起系统漏气等危害。润滑油的性能直接影响润滑效果。通常，高温环境下用高粘度润滑油；低温环境下用低粘度润滑油；温度特别低时，为克服起雾困难可在油杯内装加热器

技能训练：识读 H400 加工中心主轴拔刀、插刀气动系统

一、训练目的

1. 通过识读 H400 加工中心主轴拔刀、插刀气动系统，加深学生对气压元件的理解。

2. 通过识读 H400 加工中心主轴拔刀、插刀气动系统，使学生掌握气压系统阅读的方法。

二、识读气压传动系统图

H400 加工中心主轴拔刀、插刀气动系统如图 8-1 所示，执行刀具拔刀、插刀的元件是气缸 C，它由一个带双电磁铁的二位五通换向阀 9 控制它的上下往复运动，拔刀、插刀力的大小由气源调节装置中的减压阀控制。

1. 识读图 8-1 所示系统中元件并填写表 8-2。

表 8-2 结果记录表

编　号	元件名称	作　用
1		
9		
10、11		
C		

2. 分析回路的工作过程并将分析结果填入表 8-3。

表 8-3 结果记录表

动作顺序	电磁铁		气体流动情况
	7YA	8YA	
拔刀过程			进气路：
			排气路：
插刀过程			进气路：
			排气路：

任务二　组装 H400 加工中心主轴拔刀、插刀系统

本任务通过对组装 H400 加工中心主轴拔刀、插刀系统的训练，达到如下知识、技能目标：

知识目标：

- 掌握 H400 加工中心主轴拔刀、插刀系统的安装方法。
- 掌握 H400 加工中心主轴拔刀、插刀系统的调试方法。

技能目标：

- 具有根据 H400 加工中心主轴拔刀、插刀系统原理图组装系统的能力。
- 具有根据 H400 加工中心主轴拔刀、插刀系统原理图分析和排除系统出现故障的能力。

相关知识：气动系统的检修，故障诊断及排除（见表8-4）

表8-4 气动系统的检修，故障诊断及排除方法

气动系统的检修方法	气动系统检修时间间隔通常为三到四个月。其主要内容有： 1. 检查系统各连接处有无漏气现象 2. 通过对方向控制阀排气口的检查，判断润滑油是否适度，空气中是否有冷凝水 3. 检查安全阀、紧急开关动作是否可靠，以确保设备和人身安全 4. 观察换向阀的动作是否正常。根据换向时声音是否异常，判定铁磁和衔铁配合处是否有杂质，检查铁心是否有磨损，密封件是否老化，手摸电磁头是否过热、外壳是否损坏 5. 反复开关换向阀，观察气缸动作，判断活塞上密封是否良好。检查活塞杆外露部分，判定其与前盖的配合处是否有漏气现象等。 上述各项检查结果应记录在案，以作为设备出现故障查找原因和设备大修时的参考。气动系统的大修间隔期为一年或几年。其主要内容是检查系统各元件和部件，判定其性能和寿命，并对平时产生故障的部位进行检修或更换元件，排除修理期间内一切可能产生故障的因素
气动系统故障诊断方法	气动设备故障的诊断方法通常有经验法和推理分析法两种。经验法主要是依靠实际经验，并借助简单的仪表，诊断故障发生的部位，找出故障的原因。推理分析法是利用逻辑推理、步步逼近，寻找故障产生的真实原因
气动系统故障排除方法	在确定了气压系统故障部位和产生故障的原因之后，应本着"先外后内"、"先调后拆"、"先洗后修"的原则，制定出修理工作的具体措施

技能训练一：组装H400加工中心拔刀、插刀系统。

一、训练目的
1. 通过系统连接训练，使学生增加对气动系统安装方法的认识。
2. 通过系统连接、实现动作的训练，使学生增加对分析气动系统故障原因的认识。

二、系统图
系统图如图8-1所示。

三、训练步骤
1. 根据系统图找到气源、气源调节装置、换向阀、节流阀、气缸等气动元件。
2. 根据系统图把所有气动元件用塑料管道连接起来，并实现动作。
3. 经教师的检查评价后，关闭电源，拆下管线和元件放回原来位置。

四、训练思考
1. 分析H400加工中心拔刀、插刀气动系统的工作原理。
2. 根据训练内容填写表8-5。

表8-5 结果记录表

故　　障	产生原因	排除方法
插刀系统不能换向		
系统的压力过低		
拔刀动作没有		
振动现象严重		

技能训练二：组装气动顺序控制系统

一、训练目的

1. 通过系统连接训练，使学生增强对气动安装方法的认识。

2. 通过系统连接、实现动作的训练，使学生更好地掌握分析气动系统的工作原理。

二、系统原理图

系统原理图如图 8-2 所示。

三、训练步骤

1. 根据系统图找到气源、气源调节装置、换向阀、节流阀、气缸等气动元件。

2. 根据系统图把所有气动元件用塑料管道连接起来，并实现动作。

3. 经教师的检查评价后，关闭电源，拆下管线和元件放回原来位置。

四、训练思考

1. 分析气动系统顺序动作的工作原理。

2. 分析系统不能进行顺序动作的产生原因。

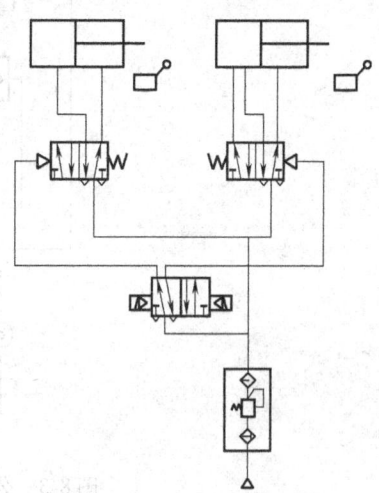

图 8-2　气动顺序控制系统

3. 画出表 8-6 中所列元件的图形符号。

表 8-6　气动元件图形符号

气动减压阀		单向变量气泵	
双杆双作用气缸		双向定量气马达	
气压源		二位五通双气控换向阀	
气动顺序阀		单向节流阀	
油雾器		三位五通电磁换向阀	

拓展训练：识读并连接公交汽车车门开关气压传动系统

一、识读公交汽车车门开关气压传动系统原理图

如图 8-3 所示为公交汽车车门开关气压控制系统原理图。车门的开关靠气缸 7 来实现，气缸 7 是由双气控阀 4 来控制，而双气控阀 4 又有 A～D 的按钮阀来控操纵，气缸运动速度的快慢由单向节流阀 5 或 6 来调节。通过阀 A 或 B 使车门开启，通过阀 C 或 D 使车门关闭。起安全作用的先导阀 8 安装在车门上。

当操纵按钮阀 A 或 B 时，气源压缩空气经阀 A 或 B 到阀 1，把控制信号送到阀 4 的 a 侧，使阀 4 向车门开启方向切换。气源压缩空气经阀 4 和阀 5 到气缸的有杆腔，使车门开启。

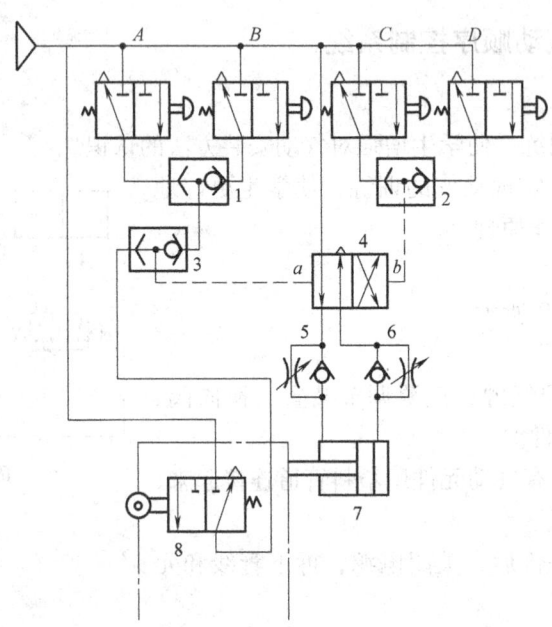

图8-3 公交汽车车门开关气压传动系统原理图

当操纵按钮 C 或 D 时，压缩空气经阀 C 或 D 到阀 2，把控制信号送到阀 4 的 b 侧，使阀 4 向车门关闭方向切换。气源压缩空气经阀 4 和阀 6 到气缸的无杆腔，使车门关闭。车门在关闭过程中如遇到障碍物，便推动阀 8，此时气源压缩空气经阀 8 把控制信号通过阀 3 送到阀 4 的 a 侧，使阀 4 向车门开启方向切换。必须指出，如果阀 C 或阀 D 仍然保持在压下状态，则阀 8 起不到自动开启车门的安全作用。

分析公交汽车车门开关气压传动系统的工作原理并填写表8-7和表8-8。

表8-7 结果记录表

序　　号	名　　称	在系统中的作用	型 号 规 格
1			
4			
5			
7			
8			
A			

表8-8 结果记录表（如按钮阀按下用"＋"表示，如按钮阀不按下用"－"表示）

动作 \ 按钮阀	A	B	C	D
公交车门开启				
公交车门关闭				

二、组装公交汽车车门开关气压传动系统

1. 根据公交汽车车门开关气动工作系统图正确选择各气动元件。

2. 根据公交汽车车门开关气动工作系统图组装系统；并检查动作。

3. 根据实际状态分析、判断和排除在运动过程中出现的各种故障。

4. 经教师检查评价后，关闭电源，拆下管线和元件放回原来位置。

三、训练与思考

1. 根据汽车车门气压传动系统图填写表 8-9。

表 8-9

故　障	原　因	排除方法
车门关不上		
车门打不开		
关门速度太慢		
在开关过程中有异常振动		

2. 思考如何做好气压传动系统的维护保养？

3. 试用一个双作用气缸，两个单项节流阀，一个单气控弹簧复位两位四通换向阀，两个两位三通手动阀，设计一个双手安全操作回路。

附录　中、低压液压元件型号说明

型号中的相互位置 所表达的内容 采用的字母或数字及含义	类元件组或组合	控制形式	改型序号	最大工作压力/bar	主要规格	安装和连接	辅助特性

改型序号：
0(省略不写)
1
2
3
4
……

最大工作压力/bar：
10：A
25：B
63：(省略不写)
6：K
16：I
40：M
100：D
160：E
200：F
750：G
320：H
(用数字表示)

主要规格：
- 对泵、阀　流量：L/min(升/分)
- 对液动机　每转排量：mL/r(毫升/转)
- 对压力表开关：测量点数
- 对压力继电器压力：bar(巴)
- 对延时阀　延时量：s(秒)
- 对滤油器　流量×过滤精度：μm(微米)

辅助特性（四、五位滑阀，对三位滑阀相同）：
- (省略不写)
- H
- Y
- K
- M
- P
- J
- C
- OP
- MP

对二位二通滑阀：常开：H；常闭：(省略不写)
带定位装置：D
带阻尼：Z

安装方式：
法兰安装：(省略不写)
脚架安装：J
板式连接：管式连接：(省略不写)
板式连接：B
法兰连接：F

类元件组或组合

大类	分类	名称	组合符号		
泵类 B		齿轮泵	C	B	
		叶片泵(定量)	Y	B	
		叶片变量泵(手调式)	Y'	B	S
		(限压式)	Y'	B	P
		(稳流量式)	Y'	B	Q
		(液动换向)	Y	B	Y'
		螺杆泵	L	B	
液动机 类M		叶片液动机	Y'	M	
		轴向柱塞液动机	Z	M	
阀类 F	方向阀	交流电磁滑阀	2,3 (位置数)	2,3,4,5 (通路数)	D Y
		直流电磁滑阀			E Y
		液动滑阀			Y
		电液动滑阀(交流)			D E
		(直流)			E
		行程滑阀			C
		手动滑阀			S
		转阀			O
		单向阀		I	
		液动单向阀		I	Y
		压力表开关		K	
	压力阀 (F省略不写)	中压溢流阀		Y	
		低压溢流阀		P	
		减压阀		J	
		单向减压阀	J	I	
		顺序阀		X	
		单向顺序阀	X	I	
		液动顺序阀		X	Y
		液动单向顺序阀	X	I	Y
		电磁溢流阀(直流)		Y	E
		背压阀(定压式)		B	
		压力继电器		D	P'

阀类 F 流量阀 (F省略不写)	名称			
	节流阀		L	
	单向节流阀		L I	
	调速阀		Q	
	单向调速阀		Q I	
	温度补偿调速阀		Q T	
	单向温度补偿调速阀		Q I T	
	溢流节流阀		L Y	
	单向行程节速阀		L C I	
	单向行程调速阀		Q C I	
	延时阀		L H I	

滤油器：
- 网式：WU
- 片式：PU
- 线式：XU
- 烧结：SU
- 纸质：Z'U

蓄能器：
- 活塞：HX
- 空气：KX

参 考 文 献

［1］ 赵波，王宏元. 液压与气动技术［M］. 北京：机械工业出版社，2005.

［2］ 李芝. 液压传动［M］. 北京：机械工业出版社，1999.

［3］ 兰建设. 液压与气压传动［M］. 北京：高等教育出版社，2002.

［4］ 刘延俊. 液压系统使用与维修［M］. 北京：化学工业出版社，2006.

［5］ 中国机械工程学会《机械设备维修问答丛书》编委会. 液压与气动设备维修问答［M］. 北京：机械工业出版社，2002.

［6］ 刘新德. 袖珍液压气动手册［M］. 北京：机械工业出版社，2004.

［7］ 梅荣娣. 气压与液压控制技术基础［M］. 北京：电子工业出版社，2005.

［8］ 吴卫荣. 气动技术［M］. 北京：中国轻工业出版社，2005.

［9］ 任慧荣. 气压与液压传动控制技能训练［M］. 北京：高等教育出版社，2006.

［10］ 许亚南. 气动与液压控制技术［M］. 北京：高等教育出版社，2008.

［11］ 沈向东，李芝. 液压传动［M］. 2版. 北京：机械工业出版社，2009.